FUHE SHANG ZHUANHUAN CUIHUA CAILIAO DE
SHEJI、ZHIBEI YU YINGYONG

复合上转换催化材料的设计、制备与应用

范子红　罗玉洁／著

中国・成都

图书在版编目(CIP)数据

复合上转换催化材料的设计、制备与应用/范子红,罗玉洁著.—成都:西南财经大学出版社,2022.6
ISBN 978-7-5504-5321-0

Ⅰ.①复… Ⅱ.①范…②罗… Ⅲ.①上转换发光—发光材料—研究
Ⅳ.①TB34

中国版本图书馆 CIP 数据核字(2022)第 066612 号

复合上转换催化材料的设计、制备与应用
范子红　罗玉洁　著

责任编辑:李特军
责任校对:陈何真璐
封面设计:墨创文化
责任印制:朱曼丽

出版发行	西南财经大学出版社(四川省成都市光华村街 55 号)
网　　址	http://cbs. swufe. edu. cn
电子邮件	bookcj@ swufe. edu. cn
邮政编码	610074
电　　话	028-87353785
照　　排	四川胜翔数码印务设计有限公司
印　　刷	四川五洲彩印有限责任公司
成品尺寸	170mm×240mm
印　　张	10
字　　数	174 千字
版　　次	2022 年 6 月第 1 版
印　　次	2022 年 6 月第 1 次印刷
书　　号	ISBN 978-7-5504-5321-0
定　　价	88.00 元

前言

二氧化钛（TiO_2）是能够被紫外光激发的光催化材料，具有诸多优异特性。拓展光利用范围是近几十年优化 TiO_2 性能的主要研究方向之一，即将其光谱利用范围由单一的紫外光拓展到可见光甚至红外光区，以节约能耗、拓展 TiO_2 的适用情景。上转换发光的机理是实现低能光子的叠加，将红外或可见光光子转换为高能量的光子。本专著利用上转换材料以及具有优异导电性的石墨烯材料，设计出不同稀土元素及掺杂方式、不同复合结构等，采用水热法、模板法等成功制备出复合上转换催化材料（二元复合、三元复合、双掺等），并应用于污染物降解和病原微生物的杀灭，取得了优异的效果。

本专著采用掺杂稀土上转换元素的方法对 TiO_2 进行改性，成功拓宽了 TiO_2 的光谱范围，开拓了 TiO_2 改性的新思路，增加了光催化材料利用可见光的新途径，并对开发直接利用可再生能源，进一步利用太阳光进行环境治理等进行了深入探讨。

目录

1 绪论

1.1 能量传递

能量传递是一种普遍的物理现象，如做功传递机械能、热辐射传递热能、摩擦将机械能转换为热能等。光致发光过程中能量的传递是材料的发光中心吸收外界光源的光子被激发，两个中心间的相互作用引起能量的跃迁，激发其从一个中心（供体）转移到另一个中心（受体），能量传递后，供体从激发态回到基态，而受体则从基态被激发到激发态，然后再辐射发光。图 1.1 显示了能量从供体传递到受体的传递过程。

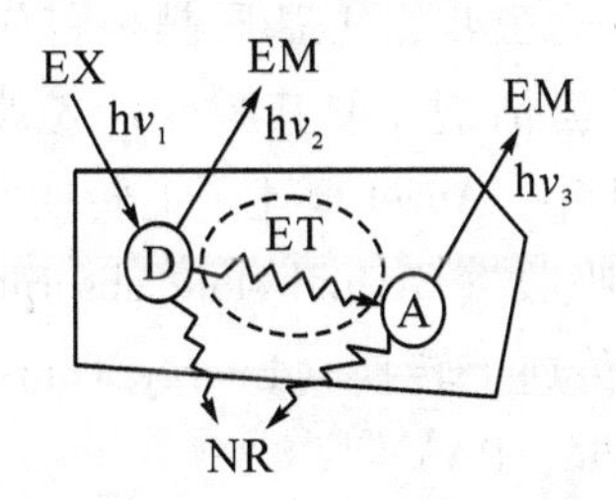

EX—激发光；EM—发射光；D—供体；A—受体；
ET—能量传递；NR—无辐射弛豫。

图 1.1 发光过程的能量传递

$$D+h\nu_1 \rightarrow D* \tag{1.1}$$

$$D*+A \rightarrow D+A* \tag{1.2}$$

$$A* \rightarrow A+h\nu_3 \tag{1.3}$$

式（1）—式（3）分别表示了供体吸收能量、供体-受体能量传递和受体能量发射过程。除此之外，供体和受体都会通过无辐射弛豫以热的形式向周围散发能量。

能量传递本身并不能增加效率，但是，它可以提供一个新的激发范围。而这一新的激发过程自身的发光效率是下降的，因为它还伴随了一个内部效率的过程。该过程中能量传递效率越高，到达发光中心的能量就越多，材料热损失就越小，发光效率也就高。

1.2 上转换发光

上转换发光可将两个或多个低能光子（长波辐射）转换成一个高能光子（短波辐射）输出，从而实现将低能量的光转换成高能量的光。其本质是一种非线性的反 Stocks 过程。上转换发光从 19 世纪 60 年代被 Auzel 发现，经过 50 多年的发展现已应用于上转换激光器[1]、太阳能电池[2]、生物成像[3]、照明显示[4]以及光催化[5-9]等众多领域。稀土离子是常用上转换发光材料，原因是三价稀土离子有许多激发态的寿命比较长。

1.2.1 上转换发光原理

上转换发光通过吸收多个低能量光子发射出高能量的光子。稀土离子的上转换发光过程主要分为三步：①基质晶格首先吸收激发能；②基质晶格将吸收的激发能传递给激活剂，使其激发；③被激发的稀土离子发出荧光，然后返回基态。2004 年，Auzel 概述了上转换发光机理主要有以下三种方式：基态吸收/激发态吸收（Ground state absorption，GSA / Excited State Absorption，ESA）、能量传递上转换（Energy Transfer Upconversion，ETU）、光子雪崩（Photo Avalanche，PA）[10]。

（1）基态吸收/激发态吸收（GSA/ESA）

基态吸收/激发态吸收是 Bloembergen 等[11]在 1959 年提出的，其原理是一个离子从基态能级通过连续的多光子吸收到达能量较高的激发态能级的过程，它是上转换发光的最基本过程。图 1.2 为基态吸收/激发态吸收过程的示意图。

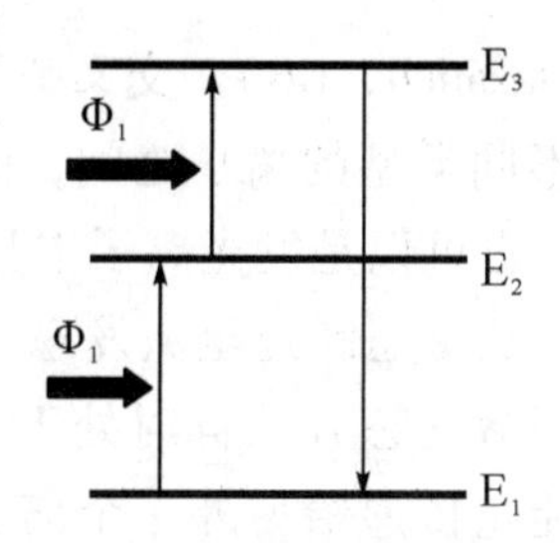

图 1.2 基态吸收/激发态吸收过程

首先，发光中心处于基态能级 E_1上的离子吸收一份能量为 Φ_1的光子跃迁至中间亚稳态 E_2能级，这一步叫作基态吸收；如果光子的振动能量 Φ_1正好与 E_2能级或者更高激发态能级 E_3的能量间隔相匹配，那么 E_2能级上的这个离子就可以通过吸收该光子能量，从而跃迁至 E_3能级形成双光子吸收，这一步叫作激发态吸收；如果能够满足能量匹配的要求，则位于 E_3能级上的离子还有可能向更高的激发态能级跃迁，以形成三光子、四光子吸收，依此类推。只要该高能级上的粒子数足够多，就可以形成粒子数反转，从而实现较高频率的激光发射，最后光子从能量最高的激发态跃迁至基态，发射一个高能的光子，从而出现上转换发光。

（2）能量传递上转换（ETU）

ETU 根据能量转移方式的不同可以分为以下几种形式：

①连续能量转移（Successive Energy Transfer，SET）。连续能量转移发生在不同的离子之间。图 1.3 为连续能量传递过程示意图，离子 A 吸收能量为 Φ_1的光子跃迁到激发态，处于激发态的离子 A 与处于基态的离子 B 之间满足能量匹配的要求而发生相互作用，离子 A 将能量传递给离子 B 而使其跃迁至激发态能级 E_2，自身则通过无辐射弛豫的方式返回基态。处于激发态能级上的离子 B 还可能第二次能量转移从而跃迁至更高的激发态能级 E_3，最后从高能级的激发态跃迁回基态，发射出高能量的光子，出现上转换发光现象。

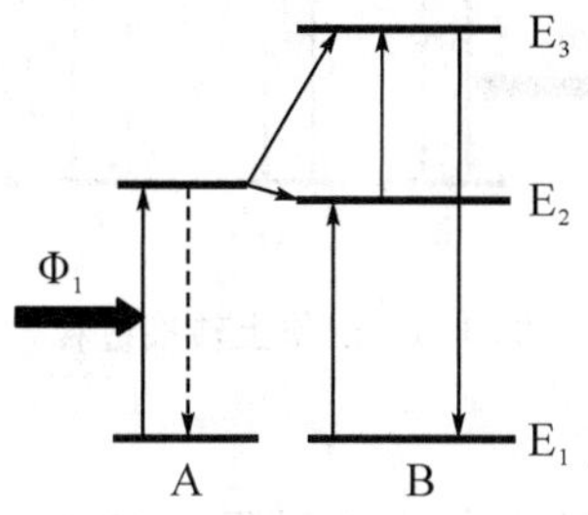

图 1.3 连续能量传递过程

②交叉驰豫（Cross Relaxation，CR）。交叉弛豫可以发生在相同类型的离子之间，也可以发生在不同类型的离子之间，因为起敏化作用的离子可以是其他离子，如敏化剂，也可以是发光离子本身。其原理如图 1.4 所示：发光离子吸收一个光子后，从基态跃迁至激发态 E_3，另外一个离子也经历相同的过程，从基态跃迁至激发态 E_2。同时处于激发态（E_2、E_3）上的两个离子，其中一个离子将能量传递给另外一个离子使其跃迁至更高的能级 E_4，而其本身则通过无辐射弛豫至能量更低的能级 E_1或者是基态。

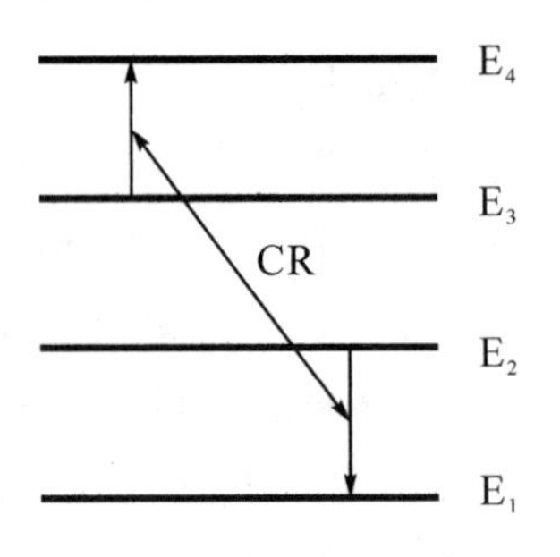

图 1.4　交叉驰豫过程

③合作上转换（Cooperative Upconversion，CU）。合作上转换发生在同时位于激发态的同一类型的离子之间，可以认为是三个离子之间的相互作用，通常其中两个离子作为敏化离子（这两个离子一般为相同种类），另外一个离子作为发光离子。由于合作上转换涉及三个离子，上转换的发光效率通常比较低。其原理如图 1.5 所示：首先同时位于激发态的两个敏化离子（离子 A 和离子 B）吸收一个相同能量的光子之后，将能量同时传递给一个位于基态能级的发光离子（离子 C），使其能够跃迁至更高的能级 E_3，而另外两个离子则无辐射弛豫到基态能级。

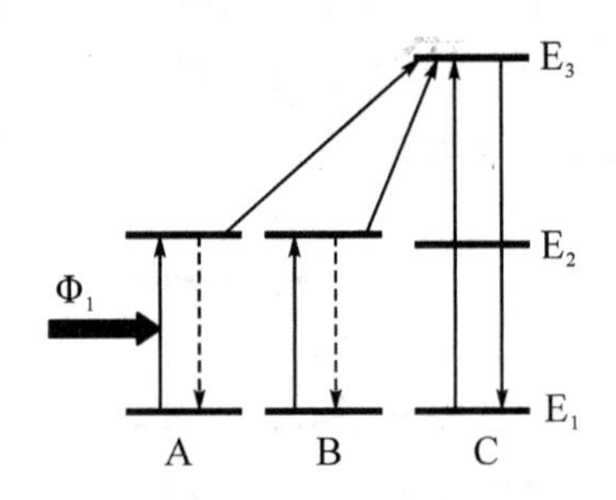

图 1.5　合作上转换过程

（3）光子雪崩（PA）

光子雪崩是 ET 和 ESA 相结合的过程，它的原理如图 1.6 所示。激发光

的能量对应离子 E_2和 E_3之间的能级差，E_2能级上的一个离子吸收该能量后被激发至 E_3能级，E_3能级与 E_1能级之间发生交叉弛豫过程，离子全都被积累至 E_2能级上，因此 E_2能级上的离子数就像雪崩一样显著增加。光子雪崩过程取决于激发态能级上的粒子数积累，所以在稀土离子掺杂浓度足够高时，才会发生明显的光子雪崩过程。而且，PA 过程也只需要单波长激发的方式，需要满足的主要条件是激发光的能量与某一激发态与其向上能级的能量差相匹配。

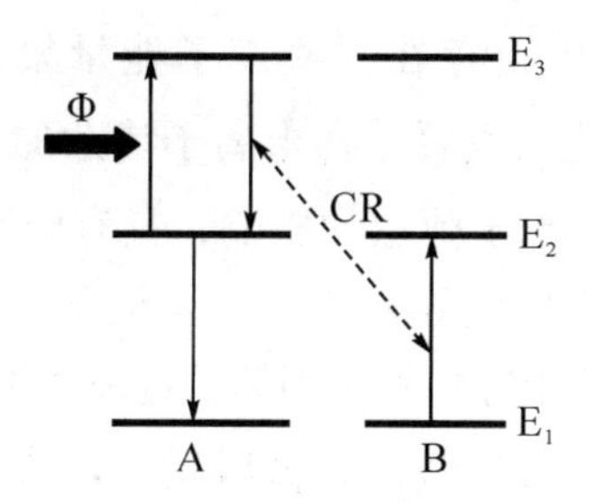

图 1.6　光子雪崩过程

上转换发光过程的机理主要有以上四种，但是上转换发光过程非常复杂，一般涉及的不是单一的发光机理，通常是两种或多种上转换发光机理同时存在，因而探讨上转换发光机理时需考虑多种发光机理以及它们之间的相互作用和影响。

1.2.2　上转换发光材料

上转换发光材料就是指在光的激发下能够产生上转换发光现象的材料。它主要是由基质、激活剂（也称发光中心）和敏化剂构成，其中激活剂和敏化剂又称作掺杂离子。基质材料、掺杂离子和敏化剂均能影响其上转换材料的发光效率。

基质材料是上转换发光材料的主要组成部分，占总体重量的 90%以上，可以是单一物质也可以是混合物。基质材料通常不构成激光能级，而是为激活离子提供合适的晶体场，使激活剂能够产生合适的上转换发光。上转换材料基质的选择主要取决于声子能量，声子能量越低，发生无辐射弛豫的几率就越低，上转换发光效率就越高。当声子能量与激发或发射光的频率接近时，会显著降低上转换发光效率，甚至还可能产生荧光淬灭。所以，基质材料通常要求具有较低的声子能量，并具有较好的稳定性和机械强度[12]。目前，上转换发光材料的基质主要有氟化物、氧化物和卤化物等。

其中，氟化物作为基质材料是上转换发光研究的重点和热点，如 $NaYF_4$[13,14]，YF_3[15,16]和 $LiYF_4$[17]等。因为氟化物的声子能量比较低，减少了无辐射跃迁的损失，所以具有较高的上转换效率[18,19]。但是，氟化物基质材料的有毒性、化学稳定性、机械强度差且成本高、制备工艺难度较大的缺点均在一定程度上限制了其应用范围。虽然氧化物的声子能量较高，上转换效率偏低，但是它的化学稳定性好、机械强度高、制备工艺简单等优点，使得它作为基质材料的研究和应用范围相对而言更加广泛[12]。而且，经研究发现，在氧化物中也存在一些声子能量较低的物质，如 Y_2O_3[20]、Gd_2O_3[21]、ZrO_2[22]。卤化物主要是稀土离子掺杂的贵金属卤化物，由于其振动能比较低，减少了多声子弛豫的影响，具有较高的上转换效率[23]。通常来说，卤化物的上转换发光效率最高，但是卤化物极不稳定，对空气中的水分非常敏感，在空气中容易发生潮解，这极大地限制了其应用范围。

激活剂是上转换发光材料的核心组成成分，所占比重极少。激活剂作为发光中心，可以吸收多个光子到达能量较高的激发态能级，然后从高能级的激发态跃迁回基态，发射出高能量的光子，从而出现上转换发光现象。作为发光中心的离子，则要求拥有较多亚稳态能级，并有较长的能级寿命。镧系稀土元素具有独特的4f能级结构、丰富的亚稳态能级和较长的能级寿命，是目前最适合的上转换激活剂。目前已知的三价稀土离子如 Er^{3+}、Tm^{3+}、Pr^{3+}、Ho^{3+}等均能产生上转换发光现象，例如，Er^{3+}离子由于具有能级丰富、亚稳态较多且猝灭浓度高等优点而成为目前研究最为广泛的发光离子；Tm^{3+}离子虽然猝灭浓度较低，但其在红光、蓝光以及紫外光在内的较宽的光谱范围内都有强烈的荧光发射，因而逐渐引起了人们的重视。离子掺杂方式分为单掺和双掺。单掺材料中，主要是利用稀土离子对泵浦光的直接吸收，因此对激发光源的要求较高，且在掺杂离子浓度较大时易发生荧光猝灭，导致发光效率较低。双掺稀土离子中，掺杂浓度较小的离子作为发光中心（激活离子），而另一种以高浓度掺入的离子则作为敏化剂。在上转换发光过程中，通常依靠敏化离子对光的强烈吸收，并将能量传递给激活离子，发生多光子加和，从而实现高效的上转换发光。

敏化剂作为另外一种掺杂离子可以强烈吸收光能，然后将能量传递给激活剂，形成多光子加和，实现高效的上转换发光[24]。上转换发光材料除了基质和激活剂以外，敏化剂也是影响上转换发光效率的重要因素。作为敏化剂的稀土离子，通常要求其具有比较大的吸收截面、较高的掺杂浓度以及与发光中心相匹配的能级。目前在上转换材料中，Yb^{3+}离子是研究最广泛的敏化剂。Yb^{3+}离子的掺杂浓度可相对较高，与激活剂离子之间的能量传递效率也高[12]，而且它的基态能级$^2F_{7/2}$到$^2F_{5/2}$的跃迁与980 nm红外光的频率相匹配[25]，所以在980 nm近红外光的照射下能够有效地向激活剂传递能量，可以进一步提高上转换的发光效率。

1959年，Bloembergen等成功地将稀土离子上转换材料应用于红外探测器[26]。此外，研究人员发现多晶ZnS在960 nm的红外光激发下发射出525 nm的绿色光[27]。1962年，研究人员采用960 nm红外光激发硒化物同样获得了绿光，进一步证实了将红外光转换成可见光的效率达到了相当高的水平。1966年，F. Auzel研究发现，向钨酸镱钠玻璃基质材料中掺入Yb^{3+}时，Tm^{3+}、Ho^{3+}和Er^{3+}离子在红外光的激发下得到的可见光的强度比不掺入Yb^{3+}离子时提高了两个数量级，因此其正式提出了上转换发光的概念[28]。1971年Johnson等研究了Yb^{3+}-Ho^{3+}和Yb^{3+}-Er^{3+}共掺的BaY_2F_8上转换材料，发现Ho^{3+}掺杂的绿光上转换和Er^{3+}掺杂的红光上转换[29]。Hebert于1992年报道了Tm^{3+}掺杂$LiYF_4$的红蓝光上转换，但是上转换发光效率较低，仅有8%[30]。2001年，Wang Xiaojun等在$SrAl_4O_7$以及$SrAl_4O_7$晶体中得到了Pr^{3+}的上转换发光现象，其发光效率可达到10%[31]。

1.2.3 稀土发光材料

镧系稀土元素位于元素周期表的ⅢB族，具有独特的4f能级结构，以及丰富的亚稳态能级和较长的能级寿命，电子在不同能级之间的跃迁会产生不同频率的光，其发光光谱的范围几乎可以覆盖从紫外光到近红外光的所有波长[32]，因而成了上转换材料中最理想的激活剂。目前研究比较多的三价稀土离子如Er^{3+}、Tm^{3+}和Ho^{3+}等均具有明显的上转换发光现象，其中Er^{3+}离子能级丰富，具有34个能级，使其存在很多可能的上转换发光，而且亚稳态较多且淬灭浓度高[33]，是目前研究最为广泛和最深入的激活剂。Tm^{3+}离子在红光、蓝光以及紫外光在内的较宽的光谱范围内均有强烈的荧光发射，虽然Tm^{3+}离子的淬灭浓度较低，但仍是人们的研究热点。Ho^{3+}离子的上转换材料更容易发射出短波长的光[34]，而且Ho^{3+}离子具有较多长寿命的中间亚稳态能级。除此之外，多个高激发态亚稳态能级的存在，使得上转换材料更易实现在可见光区和紫外光区不同波长的上转换发光[35]。

1.2.4 稀土发光材料的制备方法

(1) 高温固相反应法

高温固相反应法是一种传统的合成方法，即将满足纯度要求的原料按一定配比称量，加入一定量的助熔剂混合至充分均匀，然后将混合均匀的生料装入坩埚（按焙烧温度高低来选择普通陶瓷、刚玉或石英等材质的坩埚），送入焙烧炉，在一定的条件下（温度制度、还原或保护气氛、反应时间等）进行焙烧得到产品。固相反应通常取决于材料的晶体结构及其缺陷结构，而不仅是成分的固有反应性。通常固相中的各类缺陷愈多，其相应的传质能力就愈强，固相反应速率也就愈大。反应物颗粒越细，其比表面积就越大，反应物颗粒之间的接触面积也就越大，从而有利于固相反应的进行。因此，将反应物研磨并充分混合均匀，可增大反应物之间的接触面积，使原子或离子的扩散输运比较容易进行，以增大反应速率。另外，一些外部因素，如温度、压力、添加剂、射线的辐照等，也是影响固相反应的重要因素。决定固相反应性的两个重要因素是成核和扩散速度。如果产物和反应物之间存在结构类似性，则成核容易进行。扩散与固相内部的缺陷、界面形貌、原子或离子的大小及其扩散系数有关。此外，某些添加剂的存在可能影响固相反应的速率。在高温固相反应中往往还需要控制一定的反应气氛，有些反应物在不同的反应气氛中会生成不同的产物。

(2) 燃烧合成法

燃烧合成法是指通过前驱物的燃烧而获得所需材料的一种方法。在一个燃烧合成反应中，反应物达到放热反应的点火温度时，以某种方法点燃，随后反应由放出的热量维持，燃烧产物即为所需材料。燃烧合成是高放热化学体系经外部能量诱发局部化学反应（点燃），形成其前沿（燃烧波），使化学反应持续蔓延，直至整个反应体系，最后达到合成所需材料目的的技术。该方法具有快速、节能、合成产物质量高、合成产品成本低、易实现规模生产等特点。燃烧合成反应充分利用化学反应本身放出的热量，反应体系在合成过程中温度可达数千摄氏度，产品的合成率高，同时一些低熔点杂质可以得到进一步净化。反应是在原料混合物内部进行，其反应产生的大量热能直接用于材料的合成，无须热量从外部传递的过程，反应速度非常快，反应效率高。另外，燃烧合成采用的是一次直接合成，可避免复杂体系的多次复杂加工过程对产品的污染，合成的产物质量高。只要在燃烧合成试验中找到合理原料配比和合适的工艺参数，在条件变化不大的情况下，就能实现产品的中试及规模生产。燃烧合成颇受物理学、化学、化学工程、冶金学和材料科学与工程等领域工作者的重视，无论是在理论方面还是在应用方面，都得到了广泛的研究和迅速的发展。

（3）溶胶-凝胶法

溶胶-凝胶法是合成纳米发光材料的常用方法之一。其基本原理是：将金属醇盐或无机盐经水解直接形成溶胶或经解凝形成溶胶，然后使溶质聚合凝胶化，再将凝胶干燥、焙烧去除有机成分，最后得到无机材料。溶胶-凝胶法已经广泛地用于各种光学材料的合成中，而且用此法制备的新型或改良的光学材料有的已成功地用在了光学设备上。溶胶-凝胶法合成的材料具有以下特点：①样品的均匀性好，尤其是多组份制品，其均匀性可以达到分子或原子水平，使激活离子能够均匀地分布在基质晶格中，有利于寻找发光体最强时激活离子的最低浓度。②煅烧温度比高温固相反应温度低，因此可以节约能源，避免由于煅烧温度高而从反应器中引入杂质，同时煅烧前已部分形成凝胶，具有大的表面积，利于产物生成。③产品的纯度高，因反应可以使用高纯原料，且溶剂在处理过程中易被除去。反应过程及凝胶的微观结构都易于控制，大大减少了支反应的进行。④带状发射峰窄化，可提高发光体的相对发光强度和相对量子效率，同时提高发光体的相对发光强度和相对量子效率。⑤可以根据需要，在反应不同阶段制取薄膜、纤维或者块状等功能材料。

（4）水热合成法

水热合成法是指在特制密封反应器（高压釜）中，采用水溶液作为反应介质，通过对体系加热至临界（或接近临界温度），而在中温（100~600℃）和高压（>9.81MPa）的环境下进行无机合成与材料制备的一种有效的方法。水热条件下，水被作为溶剂和矿化剂，液态或气态的水溶液是传递压力的媒介，而且高压下绝大多数反应物均能全部或部分溶解于水，促使反应在液相或气相中进行。它具有以下优点而成为液相合成法中的一个常用方法。

①采用中温液相控制，能耗相对较低，适应性广，利用该技术既可以得到超微粒子，也可得到尺寸较大的单晶体，还可以制备无机陶瓷薄膜。②反应在液相快速对流中进行，产物的产率高，物相均匀，纯度高、单晶好、颗粒易分散，避免了因高温煅烧和球磨等后处理引进的杂质和结构缺陷。③在水热过程中，通过对反应温度、压力、处理时间、溶液成分、pH值的调节和对前驱物、矿化剂的选择，有可能获得其他手段难以得到的亚稳相。反应在密封的容器中进行，可依靠反应物的选取来控制反应气氛，获

得合适的氧化-还原反应条件。④可避免对人体健康极其有害的有毒物质直接排放空中，从而降低了环境污染。它的缺陷在于：只适应于氧化物材料或对水不敏感的材料的制备和处理。对于一些对水敏感（水解、分解、不稳定体系），水热法就不适用了。

（5）化学沉淀法

化学沉淀法是在原料溶液中添加适当的沉淀剂，使得原料溶液中的阴离子形成各种形式的沉淀物，然后再经过过滤、洗涤、干燥、加热分解等工艺过程而得到纳米发光粉的一种方法。采用这种方法，最重要的是沉淀条件的控制，即要使不同金属离子尽可能同时生成沉淀，以保证复合粉料化学组分的均匀性。此法是工业大规模生产中用得最多的一种，工艺易于控制。

化学沉淀法有很多种，其原理基本相同，常用的有缓冲溶液沉淀法、共沉淀法和均相沉淀法等。

（6）微乳液法

微乳液法是近年来制备纳米颗粒所采用的较为新颖的一种方法，在制备纳米材料中表现出了一定的优越性。微乳液是一种无色、透明而又各向同性的热力学稳定体系。根据组成不同，微乳液可分为油包水型、水包油型、层状结构、囊泡结构等。油包水型是指由介于油和水界面的表面活性剂分子稳定地、均匀分散于连续油介质中的微液滴所构成的体系。

此法是利用两种互不相溶的溶剂（有机溶剂和水溶液）在表面活性剂的作用下形成一个均匀的乳液，液滴尺寸控制在纳米级，从乳液滴中析出固相的制备纳米材料的方法。此法可使成核、生长、聚结、团聚等过程局限在一个微小的球形液滴内形成球形颗粒，避免了颗粒间进一步团聚，分油包水型（W/O）和水包油型（O/W）两种。每个水相微区相当于一个微反应器，液滴越小，产物颗粒越小。这种非均相的液相合成法具有粒度分布较窄、容易控制等特点，而且采用合适的表面活性剂吸附在纳米粒子表面，对生成的粒子起稳定和防护作用，防止粒子进一步长大，并能对纳米粒子起到表面化学改性作用；还可通过选择表面活性剂及助剂控制水相微区的形状（水相微区起到一种“模板”作用），从而得到不同形状的纳米粒子，包括球形、棒状、碟状等，还可制备核壳双纳米发光材料。

（7）微波辐射合成法

微波是指频率在0.3~300GHz之间的电磁波。与可见光不同，微波是连续的和可极化的，与激光相类似。依赖于被作用物质的不同，微波可以被传播、吸收或反射。

1.3 光催化技术

1.3.1 TiO_2

(1) TiO_2光催化剂的特点

半导体光催化原理基于固体的能带理论，其具有不同于金属与绝缘体的不连续能带结构，由充满电子的低能级价带（valence band，VB）和没有电子填充的高能级导带（conduction band，CB）构成，在价带顶端和导带底端之间存在的区域称之为禁带，禁带的能量差称之为禁带宽度（带隙）E_g。当能量等于或大于禁带宽度的光照射到半导体上时，价带上的电子（e^-）就会被激发，然后跃迁至导带，在价带上产生相应的空穴（h^+），形成电子空穴对，并在电场作用下分离并迁移至离子的表面。电子带负电具有还原性，空穴带正电具有氧化性，所以电子和空穴在复合以前可能会迁移至离子表面被吸附在半导体表面的物质俘获，从而对其产生氧化还原作用。与此同时，初始生成的电子和空穴比较接近，并且存在相互的静电力，因此电子和空穴也有一定几率会发生复合。所以，电子空穴对在半导体内有多种迁移途径，包括电子和空穴的迁移-捕获以及在表面和体内的复合两个相互竞争的过程[36]。

如图 1.7 所示，半导体光催化降解有机污染物是从光催化剂受到光的照射，激发产生电子空穴对开始的。光催化剂受到能量等于或大于 E_g 的光激发后，电子从价带跃迁至导带，产生的电子和空穴会经历以下几个迁移过程[12]：①如图 1.7 所示，光生电子和空穴迁移至光催化剂的表面，在光催化剂表面或附近的一个电子受体与电子结合从而被还原（如过程 C 所示），空穴与来自供体的电子结合从而使供体被氧化（如过程 D 所示）。②空穴和电子若没有及时迁移至光催化剂表面，未被电子供体和电子受体所吸附，就会发生电子空穴对的复合。复合主要有以下两种方式，如过程 A 所示的在光催化剂表面的复合和过程 B 所示的在光催化剂体内的复合。空穴与电子的复合还会释放出热量。③光生电子还可能迁移至光催化剂表面的吸附物质后，又重新回到光催化剂内部与光生空穴复合。

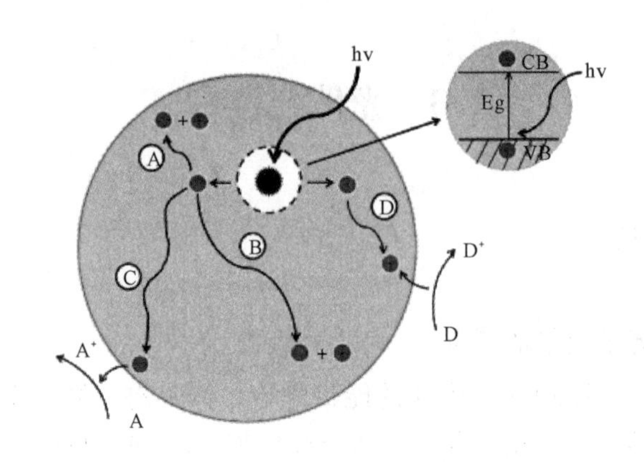

图 1.7　光催化原理

电子迁移的速度和几率取决于价带和导带各自谱带的边沿位置，还有被吸附在表面的物质的氧化还原电位，迁移至光催化剂表面的电子和空穴能够分别进行两个过程。光生空穴（h^+）具有强氧化性，有很强的得电子能力，它能够夺取吸附在光催化剂表面电子供体（D）的电子，使原本不吸收光的物质被活化氧化，空穴还可以与吸附在光催化剂表面的 OH^- 或与 H_2O 发生反应生成 · OH。 · OH 是一种活性非常高的粒子，可以无选择地氧化多种有机物并使其矿化，最终产生 CO_2 和 H_2O。一般认为， · OH 是光催化反应体系中主要的氧化剂。光生电子能够还原被吸附的电子受体（A），在氧浓度较高的溶液中，可以与 O_2 发生反应生成 HO_2 · 和 O_2^- 等活性氧类，这些活性氧自由基也能参与氧化还原反应。光催化机理可用下式[13]说明：

$$TiO_2 + h\upsilon \rightarrow e^- + h^+ \quad (1.4)$$

$$h^+ + H_2O \rightarrow \cdot OH + H^+ \quad (1.5)$$

$$h^+ + OH^- \rightarrow \cdot OH \quad (1.6)$$

$$O_2 + e^- \rightarrow \cdot O_2^- \quad (1.7)$$

$$O_2 + H^+ \rightarrow HO_2 \cdot \quad (1.8)$$

$$2HO_2 \cdot \rightarrow O_2 + H_2O_2 \quad (1.9)$$

$$O_2^- + H_2O_2 \rightarrow \cdot OH + OH^- + O_2 \quad (1.10)$$

$$H_2O_2 + hv \rightarrow 2 \cdot OH \quad (1.11)$$

$$\cdot OH + D \rightarrow D^+ + H_2O \quad (1.12)$$

$$e^- + A \rightarrow A^- \quad (1.13)$$

$$h^+ + D \rightarrow D^+ \quad (1.14)$$

从上述的光催化反应工程可以看出，电子空穴对的产生需要较高的能量，即入射光的能量必须大于或等于光催化剂的禁带宽度，因此如何实现以较低的能量获得更高的光催化效率成为了备受科研工作者关注的研究热点。

（2）TiO_2光催化技术的发展与应用

到现在为止，光催化领域用于降解有机污染物的光催化剂通常为n型半导体材料的金属氧化物，如TiO_2、ZnO、SnO_2、WO_3、ZrO_2、Nb_2O_5等。与其他的光催化剂相比较，TiO_2具有较大的优势，所以是目前被广泛使用的光催化剂，主要优点有：①对紫外光具有较高的吸收率，小于387 nm的紫外光都能够激发它产生电子-空穴对；②禁带宽度较大，氧化还原能力比较强，并具有很高的光催化活性；③具有很好的化学稳定性以及抗光腐蚀性；④TiO_2对很多的有机污染物都有很强的吸附作用，吸附又是污染物降解的一个重要条件，能够提高光催化活性；⑤TiO_2价格低廉并且无毒，使用成本低。这些显著的优点使TiO_2成为生产技术最成熟、应用最广泛的一种环保型光催化剂[37]。

然而，TiO_2作为光催化剂也存在两个方面的不足：第一，TiO_2对可见光利用率较低，只有在波长小于387 nm的紫外光激发下才能产生电子-空穴对，而电子-空穴对是发生光催化反应的前提条件；第二，TiO_2的光量子效率比较低，光生电子-空穴对容易复合。因此，研究者进行了大量的研究以扩展TiO_2光响应的范围和抑制载流子的复合。研究表明：采用离子掺杂、贵金属沉积、半导体复合和光敏化等方法可以对TiO_2进行有效的改性。

① 离子掺杂：利用化学或者物理的方法，将离子掺入到TiO_2晶格结构的内部，从而实现在其晶格中引入新的电荷或者因此改变晶格的类型，从而调整光生电子和空穴的分布状态、改变它们的运动状况或者改变TiO_2的能带结构，最终改变TiO_2的光催化性能。离子掺杂主要分为金属离子掺杂、非金属离子掺杂和双掺杂或多掺杂。

通常认为，金属掺杂的增强机制是金属离子，如Fe^{3+}[38]、V[39]、Mo[40]等，代替TiO_2表面的Ti^{4+}，形成浅势阱，俘获光生电子和空穴，阻止其重新复合，因而可以很好地改善光生电子和空穴之间的分离效率。Sun等[41]的研究表明，在含0.5% HF和$Fe(NO_3)_3$的电解液中，采用电化学氧化法研制出Fe掺杂的TiO_2纳米管光催化剂，通过控制$Fe(NO_3)_3$的浓度调节Fe和TiO_2的比例。与未掺杂Fe的TiO_2纳米管相比，掺杂Fe后，因为电子与空穴的复合率降低和电子传输效率的升高，在紫外光的照射下，它的光电流响应强度显著提高，而且吸收带边还发生了红移。

非金属元素的掺杂也可以有效地改善TiO_2在可见光区域的光吸收。到目前为止，C[42]、N[43]、F[44]、S[45]等元素已经成功地掺杂进入了 TiO_2 中。以 N 元素掺杂为例，一般认为非金属离子掺杂的原理是非金属离子的轨道与氧的 2p 轨道杂化[46]，使得 TiO_2 的禁带宽度变窄，因此可以有效改善 TiO_2 对可见光的吸收。虽然研究者们在离子掺杂方面已经进行了大量的研究，但是到目前为止，TiO_2 的吸收边仍然只能扩展到 500 nm 左右。

② 贵金属沉积：在半导体光催化剂的表面以原子簇的形式沉积适量的贵金属，聚集尺寸一般为纳米级，通过改变体系中的电子分布，从而影响 TiO_2 的表面性质，进而提高 TiO_2 的光催化性能[47]。这是一种通过分离载流子来控制电子-空穴对复合的方法，该方法不对 TiO_2 的吸收阈值产生影响。在贵金属修饰 TiO_2 的复合材料中，贵金属的 Fermi 能级比 TiO_2 的光生电子与空穴的 Fermi 能级低，电子会从 TiO_2 不断迁移至金属颗粒，直到两者 Fermi 能级的位置相等为止。另外，两种材料复合后两者之间能形成俘获电子的浅势阱 Schottky 能垒，进而抑制了电子与空穴的复合，提高了光催化性能。

常用于修饰 TiO_2 的贵金属有 Au[48]、Ag[49]、Pd[50]、Pt[51]等，其中关于 Pt 的研究报道较多，虽然 Au、Pd、Pt 对 TiO_2 的改性效果也比较好，但是成本较高。而 Ag 沉积改性由于它的相对毒性较小，成本相对较低，将成为提高 TiO_2 光催化活性的重要研究方向之一。Anpo 等[52]制备了贵金属 Pt 沉积 TiO_2 的光催化剂，将其用于光催化分解水制氢的研究中，发现产氢效率得到了显著提升。Sakthivel 等[53]的研究表明，当使用 Pt、Au 和 Pd 沉积 TiO_2 做光催化剂时，对酸性绿 16 的光催化效率要远高于未沉积贵金属的 TiO_2。

③ 半导体复合：半导体复合是通过复合禁带宽度小于 TiO_2 的半导体材料，从而有效地拓展其光谱响应范围，有效分离光生电子与空穴，进而达到改善光催化效果的目的。目前研究较多的复合窄带隙半导体有 CdS[54]，Cu_2O[55]，CdSe[56]等。以 CdS 为例，如图 1.8 所示，光能虽然不足以激发光催化剂中的 TiO_2，但可以激发 CdS，使电子从价带跃迁到导带，再注入到 TiO_2 的导带，而光产生的空穴则留在 CdS 的价带[57]。这种光生电子从 CdS 向 TiO_2 的迁移有助于电荷分离，从而提高光催化的效率，分离的电子和空穴自由地与光催化剂表面吸附的物质进行电子交换，发生氧化还原作用。

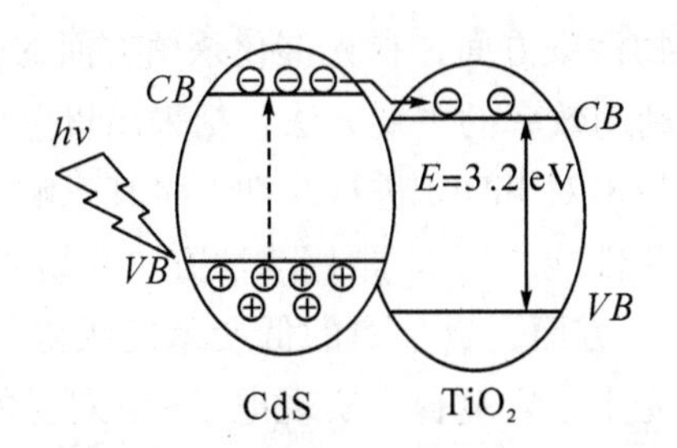

图 1.8 窄带隙半导体与 TiO_2 复合

④ 光敏化：光敏化是扩大激发波长的另一种途径，通过物理或化学方法，将分子激发态的氧化还原电位小于 TiO_2 导带电位的光敏染料，附着到 TiO_2 表面，从而扩大激发波长的范围，增大了 TiO_2 对可见光的响应，提高了光催化反应的效率。常见的光敏化剂有硫堇、荧光素衍生物、赤鲜红 B 等[58]，它们最主要的共同点就是在可见光下均有较大的激发因子，只要活性物质激发态电势比半导体光催化剂的电势更低，就能够把光生电子输送至光催化剂的导带，因而拓宽了激发波长的范围，使得更多的太阳光得到利用[59]。

1.3.2 BiOCl

（1）BiOCl 光催化剂的特点

BiOCl 是由双卤原子层和［Bi_2O_2］层沿着 c 轴交替排列组成的［Cl-Bi-O-Bi-Cl］n 结构[60]，是一种 V-VI-VII 型三元半导体。首先，其特殊的层状结构使其可以利用层与层之间的静电力促进载流子迁移和光生电子空穴对的分离，达到提高其光催化性能的效果。其次，BiOCl 作为一种间接带隙半导体，导带电子只能通过带隙中的复合中心与价带空穴复合，能有效降低光生电子空穴的复合效率。所以，BiOCl 特殊的晶体结构和电子结构共同决定了其优异的光催化性能[61]。但是 BiOCl 的禁带宽度约为 3.4eV，理论上无法有效吸收可见光，只能利用紫外光。

（2）BiOCl 光催化剂的发展与应用

铋系材料对人体无毒无害且光催化性能优异，故在光催化杀菌方面的应用也颇具潜能。已有一些研究报道了铋系材料在光催化消毒杀菌材料方面的应用，如 $BiVO_4$、BiOCl、Bi_2WO_6 及 BiOBr 等[62]。BiOCl 作为一种具有特殊层状结构的铋系光催化材料，其光生电子与空穴分离效率较高，是一种很有前景的光催化杀菌材料。但是目前关于 BiOCl 光催化材料的研究主要集中在处理水中有机物污染方面，在光催化杀菌方面的研究报道还较少。

提高 BiOCl 的光利用效率的主要方法包括采用贵金属沉积、半导体复合以及形貌结构调控等技术对 BiOCl 进行改性，将其光响应范围向可见光方向拓展，由此提高其催化性能[63-65]。常用改性方法介绍如下：

① 贵金属沉积。一方面，贵金属的低费米能级能够将电子捕获于贵金属表面，阻止电子与光生空穴复合，实现电子-空穴对的高效分离，帮助提高光催化效率。另一方面，贵金属的局域表面等离子体共振效应能够有效提高 BiOCl 的可见光响应性能，提升光催化性能。使用贵金属沉积来对 BiOCl 进行改性的研究已经很多，掺杂的金属主要有 Mn、Ti、Fe 等[66,67]。

② 半导体复合。将宽带隙半导体与窄带隙半导体复合，可形成 p-n 型异质结，窄带半导体特有的敏化作用将使复合材料的响应光谱范围得到极大的拓展，有效提高材料的光催化性能。且异质结的内建电场可有效抑制光生电子空穴的复合，从而提高光催化剂的载流子分离率。目前半导体复合改性方法的报道已经很多，如 m-$BiVO_4$/BiOCl，BiOI/TiO_2，Bi_2S_3/BiOCl，和 BiOCl/Bi_2WO_6等[68]。

③ 形貌结构调控。研究表明，人们可以通过制备方法和制备条件的控制，对光催化材料的形貌结构进行调控，达到提高光催化效率的效果。Zhu 等人制备了 3D 花型层状 BiOCl，随着 BiOCl 的比表面积增大，其光学性能也显著提高，在紫外光下对 RhB 的降解效率也更高[69]。Ping 等人制备的花型 BiOCl，在紫外光照射下对 RhB 的降解效果同样十分良好[70]。以上结果表明，层状结构 BiOCl 由于具有较大的比表面积，可以在光催化过程中提供更多的反应位点，增加光的散射和折射，减少光损耗，提高光催化性能。

1.4 石墨烯

石墨烯因其独特的理化性质而广泛应用于超级计算机、柔性触摸屏、光催化降解、光子传感器以及太阳能电池等[71-83]诸多领域。石墨烯本质是单层石墨晶体。1918 年，Kohlschütter 等[74]首次提出“石墨氧化纸”概念。1947 年，Wallace 等[75]首先开始研究石墨烯的电子结构并系统介绍了石墨烯的能带理论。之后不久，Ruess 等[76]首次在透射电子显微镜下观察到少层石墨烯（3~10 层）。1956 年，McClure 等[77]推导出石墨烯的波函数方程。1987 年，Mouras[78]首次把单层石墨命名为石墨烯（grapheme）。但经过漫长的岁月，科研工作者始终无法获得单层石墨烯，故此，人们认为石墨烯只是作为理论结构，而自然状态下并不存在。Landau 等[79]认为石墨烯在常温常压下，由于热力学不稳定而不能存在，并对石墨烯的导电性提出质疑。故在很长一段时间内，人们对于石墨烯的关注逐渐减少。直到 2004 年，英国科学家 Geim 和 Novoselov 等[80]在《科学》(*Science*) 杂志上发表了关于石墨烯的第一篇文章，他们采用最笨拙简单的方法完成了伟大的发现。这一发现震惊了科学界，激发了科学家们对石墨烯的研究兴趣。其独特的理化性质，使其迅速成为国际研究热点。

1.4.1 石墨烯性质

石墨烯由碳原子以 sp^2 杂化的单原子层组成二维晶体结构，碳原子规则排列，类似于蜂窝状。碳原子间以 σ 键和 π 键连接，电子可在晶格中自由移动，使石墨烯具有优异的导电性能。其中的碳-碳键长约为 0.142 nm。单层石墨稀厚度仅为 0.35 nm，约为头发丝直径的二十万分之一，是目前地球上已知的最薄的材料。石墨烯结构特殊，因此其具有很多优异的物理性质。

电学性质：石墨烯属于零带隙半导体，具有独特的载流子特性以及特殊的线性光谱特征。研究表明在室温下载流子的迁移率可达到 15 000 $cm^2/(V \cdot s)$，在液氦的温度下，更是可高达 250 000 $cm^2/(V \cdot s)$。电子在晶格中可自由移动并不会发生散射，导致其具有优良的电子传输性质。

热学性质：石墨烯作为一种优良的热导体。导热系数高达 5 000 $W/(m \cdot K)$，优于碳纳米管，更是比 Au、Ag、Cu 等高 10 倍以上。

力学性质：石墨烯的 sp^2 杂化轨道具有极强的力学性质。哥伦比亚大学科学家研究发现石墨烯的杨氏模量约为 1 100 GPa，断裂强度更是达到了 130 GPa。

除上面优异的性能之外，石墨烯边缘及缺陷处有孤对电子可以产生强大的自旋磁性，使得其具有磁学性质。石墨烯的比表面积更是高达 2 630 m^2/g，是作为载体的优秀材料。石墨烯也具备独特的光学性能，单层石墨烯透过率达 97%以上。基于石墨烯的特殊性质，其在光催化领域备受关注。

1.4.2 石墨烯负载 TiO_2 复合光催化剂研究进展

基于石墨烯的优越导电性能，科研工作者将石墨烯和 TiO_2 光催化剂复合，利用石墨烯的优良导电性质阻碍光催化过程中的电子和空穴的复合，从而提高光催化活性。石墨烯具有独特的二维片状结构，可作为良好的基底材料。在石墨烯和TiO_2复合光催化剂体系中，石墨烯可以拓宽TiO_2光吸收范围，促进电子-空穴的分离，增强复合催化剂的比表面积，从而增强对有机污染物的吸附、降解能力，进而增强光催化活性。目前关于石墨烯复合型光催化剂的研究成为环境领域的热点之一。早在2008年，Williams等[81]采用紫外光照射还原氧化石墨烯（GO）制备TiO_2-Graphene复合材料。此方法开辟了一种新的途径获得石墨烯半导体光敏复合材料。2009年，Wang等[82]制备的TiO_2-Graphene复合材料与传统的TiO_2相比，效果提升了2倍。2010年，Zhang等[83]制备的TiO_2-Graphene复合材料相对于纯的TiO_2，其吸收带红移，吸附效果增强，在降解气相中芳香烃污染物苯展现出高效的光催化活性。2011年，Zhang等[84]采用热还原GO制备TiO_2-Graphene复合材料，与商业的P25相比，其光吸收红移20 nm，比表面积明显增强，光电流增强了15倍，可见光下5 h降解70%的亚甲基蓝，而P25仅仅只有10%。2012年，Khalid等[85]制备出La掺杂的TiO_2-Graphene复合材料在可见光下1h对亚甲基蓝脱色率高达90%。同年，Zhou等[86]通过理论计算和实验验证证明了石墨烯的引入能利用电荷的转移。2013年，Yang等[87]采用微波合成法制备的TiO_2-Graphene复合材料，能使亚甲基蓝5 h的降解达到100%，且通过循环实验证实制备的复合光催化剂具有很好的稳定性。同年，Huang等[88]研究发现TiO_2-Graphene复合光催化剂具有良好的电子转移功能是由于体系中形成的C-Ti键。2016年，Yadav等[89]采用循环伏安法和电化学阻抗法对TiO_2-Graphene复合材料的电化学性质进行系统研究。

1.4.3 石墨烯作为基底改性上转换复合TiO_2光催化剂研究进展

前面已经简单叙述了石墨烯负载TiO_2光催化剂的研究进展，目前采用石墨烯改性光催化的研究较多。石墨烯和上转换材料复合可引发光限幅现象，在生物学科具有潜在应用[90]。目前关于石墨烯作为TiO_2-UC材料基底的报道较少。2012年，Ren等[91]首次采用单纯的物理混合的方法将三种物质混合制备出YF_3：Yb^{3+}，Tm^{3+}-P25-graphene三元光催化剂，首次实现了太阳光的全波长吸收，并且在太阳光下2h的对甲基橙的脱色率达95%，远远超过单纯的P25和复合材料的效果。2013年，Wang等[92]也用物理混合法制备出β-$NaYF_4$：Yb，Tm/N-P25/graphene复合光催化剂，发现在可见光和近红外光照射下降解罗丹明 B，复合光催化剂均表现出较高的效率。2016 年，Wang 等[93]改变以往传统的物理混合制备方法，采用化学方法制备出立方相 $NaYF_4$：Yb，Tm@ TiO_2负载石墨烯三元光催化剂，结果发现制备的三元光催化剂对亚甲基蓝、甲基橙和苯酚均具有较好的降解效果。虽然，目前关于三元光催化的制备已经有报道，但研究并不成熟，采用传统的物理混合方式制备的催化剂的稳定性和能量传递效率都不高。而相对于立方相的 $NaYF_4$，另外一种六方相的晶型发光效率更高。因此，制备更加高效的三元复合光催化剂仍是目前研究的热点。

1.5 基于上转换发光的光催化材料

1.5.1 近红外-紫外上转换催化材料

研究者还发现掺杂敏化剂 Yb^{3+}离子的上转换材料吸收近红外光后，不仅可以发射出可见光，还能通过多光子上转换发射出紫外光。2010 年，Qin 等[94]首次制备了上转换材料 YF_3：Yb^{3+}，Tm^{3+}复合 TiO_2的光催化剂，该复合光催化剂在 980 nm 的近红外光激发下，敏化剂 Yb^{3+}离子不断吸收能量并将其传递给 Tm^{3+}离子，被激活后经能级跃迁在可见光和紫外光区域共产生了 5 个发射峰，分别为 291 nm（$^1I_6 \rightarrow {}^3H_6$）、347 nm（$^1I_6 \rightarrow {}^3F_4$）、362 nm（$^1D_2 \rightarrow {}^3H_6$）、452 nm（$^1D_2 \rightarrow {}^3F_4$）和 476 nm（$^1G_4 \rightarrow {}^3H_6$）。除此之外，该研究还得到了一种新型的核壳结构，上转换材料 YF_3：Yb^{3+}，Tm^{3+}作为核，外面包裹了一层均匀的 TiO_2壳，这种结构可以提高外层的 TiO_2对上转换材料发射的紫外光的吸收，从而提高 YF_3：Yb^{3+}，Tm^{3+}/TiO_2复合光催化剂的光催化效果。

由于核壳结构具有能够充分利用光能的优势，许多研究者对此展开了深入的研究。2011 年，Zhang 等[95]通过两步法制备了核壳结构的 $NaYF_4$：Yb，Tm/TiO_2复合光催化剂，在 980 nm 近红外光的激发下能够发射出 3 个紫外峰，并通过控制钛酸乙酯的水解反应时间实现了 TiO_2壳层厚度的可控合成。2013 年，Wang 等研制了近红外-紫外上转换的光催化剂 $NaYF_4$：Yb^{3+}，Tm^{3+}/TiO_2，该光催化剂以高活性｛0 0 1｝面为主，其对罗丹明 B 的降解效果远高于简单物理混合法制备的 $NaYF_4$：Yb^{3+}，Tm^{3+}/TiO_2。虽然基于近红外上转换发光的光催化研究较多，而且成果颇丰，但是若要实现近红外-紫外的上转换发光，通常需要吸收3个及以上的多个光子，发光概率较低，近红外光向紫外光转换的概率远远低于近红外光向可见光转换的概率[96]。

1.5.2 可见-紫外上转换催化材料

2005年，Wang等[97]首次制备了上转换材料$40CdF_2 \cdot 60BaF_2 \cdot 0.8Er_2O_3$掺杂$TiO_2$的光催化剂，在488 nm的可见光激发下能够发射出243 nm（$^2I_{11/2} \rightarrow {}^4I_{15/2}$）、291 nm（$^2I_{11/2} \rightarrow {}^4I_{13/2}$）、324 nm（$^2I_{11/2} \rightarrow {}^4I_{11/2}$）、351 nm（$^2I_{11/2} \rightarrow {}^4I_{9/2}$）和378 nm（$^2H_{9/2} \rightarrow {}^4I_{11/2}$）的紫外光，从而激发$TiO_2$产生光催化活性。其研究结果表明，在可见光照射下反应55 h，上转换材料$40CdF_2 \cdot 60BaF_2 \cdot 0.8Er_2O_3$掺杂$TiO_2$的光催化剂对甲基橙的去除率可达46.5%，但是纳米TiO_2粉末对甲基橙的去除率仅有1.66%。此结果说明，上转换材料可以在可见光的激发下发射出紫外光，激发TiO_2产生高效的光催化作用。此后，将上转换发光应用于可见光光催化降解有机污染物逐渐受到国内外科研工作者的重视，并成为了光催化领域的研究热点之一。

同年，Wang等[98]也研究了上转换材料$40CdF_2 \cdot 60BaF_2 \cdot 1.0Er_2O_3$掺杂的$TiO_2$在可见光下对偶氮染料的去除效果，其反应4 h高达95%的降解率远高于纯TiO_2的21%的降解率。2008年，Feng等[99]研制了上转换材料Er^{3+}：$Y_3Al_5O_{12}$（Er^{3+}：YAG）掺杂TiO_2的复合光催化剂，在紫外光区域有三个发射峰，分别为326 nm（$^2P_{3/2} \rightarrow {}^4I_{15/2}$）、348 nm（$^2I_{11/2} \rightarrow {}^4I_{9/2}$）和363 nm（$^4G_{11/2} \rightarrow {}^4I_{15/2}$），该复合光催化剂对亚甲基蓝的降解率是$TiO_2$的2倍。2012年，Hou等[100]通过溶胶凝胶法制备出了可见光响应的光催化剂Er^{3+}：$YFeO_3/TiO_2$-SAC，上转换材料Er^{3+}：$YFeO_3$将可见光转换为紫外光，活性炭作为载体可以吸附大量的模拟污染物甲基橙，Er^{3+}：$YFeO_3/TiO_2$-SAC三者的协同作用大幅度提高了TiO_2对甲基橙的降解效果，最高可达90%以上。

1.6 小结

TiO_2光催化剂因其具有催化活性高、价廉易得、无毒、性质稳定等特点得到广泛的研究和应用。然而，TiO_2禁带宽度大，仅能利用紫外光，无法利用可见光和红外光；并且TiO_2的电子-空穴复合率高，载流子在小于1ns里的复合几率仍然高达90%，光量子效率较低。而上转换发光可以实现光子的叠加，使低能量的红外光或可见光转换为高能量的可见光或紫外光。本研究通过上转换材料复合 TiO_2光催化剂拓展了 TiO_2的光谱利用范围，弥补 TiO_2只能利用紫外光的缺陷。而石墨烯优良的导电性可将电子快速转移，实现电子-空穴的有效分离，同时其极大的比表面积可吸附降解有机物并将有机物拉向 TiO_2表面，这样有利于光催化·OH 直接作用目标污染物，提高光催化活性。研究人员通过结合“上转换技术”“光催化技术”和“石墨烯材料”技术等，制备出上转换材料（β-$NaYF_4$：Ho^{3+}、β-$NaYF_4$：Pr^{3+}，Li^+）和上转换复合催化材料（β-$NaYF_4$：Ho^{3+}@TiO_2、β-$NaYF_4$：Ho^{3+}@TiO_2-rGO、β-$NaYF_4$：Pr^{3+}，Li^+@TiO_2、β-$NaYF_4$：Pr^{3+}，Li^+@BiOCl），并应用于污染物的降解和病原微生物的杀菌。

参考文献

[1] SCHIETINGER S，AICHELE T，WANG H Q，et al. Plasmon-enhanced upconversion in single $NaYF_4$：Yb^{3+}/Er^{3+} codoped nanocrystals [J]. Nano Letters，2010，10（1）：134.

[2] CHEN S，ZHOU G，SU F，et al. Power conversion efficiency enhancement in silicon solar cell from solution processed transparent upconversion film [J]. Materials Letters，2012，77：17-20.

[3] CHEN H，ZHAI X，LI D，et al. Water-soluble Yb^{3+}，Tm^{3+} codoped $NaYF_4$ nanoparticles：synthesis，characteristics and bioimaging [J]. Journal of Alloys and Compounds，2012，511（1）：70-73.

[4] BINNEMANS K. Lanthanides and actinides in ionic liquids [J]. Chemical Reviews，2007，107：2592-2614.

[5] LI C，WANG F，ZHU J，et al. $NaYF_4$：Yb，Tm/CdS composite as a novel near-infrared-driven photocatalyst [J]. Applied Catalysis B：Environmental，2010，100（3-4）：433-439.

[6] L REN，X QI，Y LIU，Z HUANG，et al.，Upconversion-P25-graphene composite as an advanced sunlight driven photocatalytic hybrid material [J]. Journal of Materials Chemistry，2012，22：11765-11771.

[7] XU Q C，ZHANG Y，TAN M J，et al. Anti-cAngptl4 Ab-Conjugated N-TiO_2/$NaYF_4$：Yb，Tm nanocomposite for near infrared-triggered drug release and enhanced targeted cancer cell ablation [J]. Advanced Healthcare Materials，2012，1：470-474.

[8] WANG W, DING M, LU C, et al. A study on upconversion UV-vis-NIR responsive photocatalytic activity and mechanisms of hexagonal phase $NaYF_4$: Yb^{3+}, Tm^{3+}@TiO_2 core-shell structured photocatalyst [J]. Applied Catalysis B: Environmental, 2014, 144: 379-385.

[9] WANG W, HUANG W, NI Y, et al. Graphene supported β$NaYF_4$: Yb^{3+}, Tm^{3+} and N doped P25 nanocomposite as an advanced NIR and sunlight driven upconversion photocatalyst [J]. Applied Surface Science, 2013, 282: 832-837.

[10] AUZEL F. Upconversion and anti-Stokes processes with f and d ions in solids [J]. Chemical Reviews, 2004, 104 (1): 139-174.

[11] BLOEMBERGEN N. Solid state infrared quantum counters [J]. Physical Review Letters, 1959, 2 (3): 84-85.

[12] 李堂刚. 可见-紫外上转换材料的研制及其在光催化剂中的应用 [D]. 济南: 山东轻工业学院, 2011.

[13] J GUO, F MA, S GU, et al. Solvothermal synthesis and upconversion spectroscopy of monophase hexagonal $NaYF_4$: Yb^{3+}/Er^{3+} nanosized crystallines [J]. Journal of Alloys and Compounds, 2012, 523: 161-166.

[14] WANG Y, CAI R, LIU Z. Controlled synthesis of $NaYF_4$: Yb, Er nanocrystals with upconversion fluorescence via a facile hydrothermal procedure in aqueous solution [J]. CrystEngComm, 2011, 13: 1772-1774.

[15] WANG G, QIN W, WANG L, et al. Enhanced ultraviolet upconversion in YF_3: Yb^{3+}/Tm^{3+} nanocrystals [J]. Journal of Rare Earths, 2009, 27: 330-333.

[16] WANG G, QIN W, XU Y, et al. Size-dependent upconversion luminescence in YF_3: Yb^{3+}/Tm^{3+} nanobundles [J]. Journal of Fluorine Chemistry, 2008, 129: 1110-1113.

[17] WANG J, WANG F, XU J, et al. Lanthanide-doped $LiYF_4$ nanoparticles: synthesis and multicolor upconversion tuning [J]. Comptes Rendus Chimie, 2010, 13: 731-736.

[18] LIU L, LI B, QIN R, et al. Synthesis and characterization of nanoporous $NaYF_4$: Yb^{3+}, Tm^{3+}@SiO_2 nanocomposites [J]. Solid State Sciences. 2010, 12 (3): 345-349.

[19] VETRONE F, MAHALINGAM V, CAPOBIANCO J A. Near-infrared-to-blue upconversion in colloidal $BaYF_5$: Tm^{3+}, Yb^{3+} nanocrystals [J]. Chemistry of Naterials, 2009, 21 (9): 1847-1851.

[20] 罗军明，李永绣，邓莉萍，等. 共沉淀法制备 Er^{3+}: Y_2O_3上转换发光纳米粉 [J]. 稀有金属材料与工程, 2007, 36 (8): 1436-1439.

[21] XU L, YU Y, LI X, et al. Synthesis and upconversion properties of monoclinic Gd_2O_3: Er^{3+} nanocrystals [J]. Optical Materials, 2008, 30 (8): 1284-1288.

[22] LÜ Q, GUO F, SUN L, et al. Surface modification of ZrO_2: Er^{3+} nanoparticles to attenuate aggregation and enhance upconversion fluorescence [J]. Journal of Physical Chemistry C, 2008, 112 (8): 2836-2844.

[23] 何捍卫，周科朝，熊翔，等. 红外-可见光的上转换材料研究进展 [J]. 中国稀土学报, 2003, 21 (2): 123-128.

[24] 魏新姣，刘粤惠，陈东丹. 稀土离子的上转换敏化发光 [J]. 物理学进展, 2006, 26 (2): 168-179.

[25] CAO T, YANG T, GAO Y, et al. Water-soluble $NaYF_4$: Yb/Er upconversion nanophosphors: synthesis, characteristics and application in bioimaging [J]. Inorganic Chemistry Communications. 2010, 13 (3): 392-394.

[26] N BLOEMBERGEN. Solid state infrared quantum counters [J]. Physical Review Letters, 1959, 2 (3): 84-85.

[27] STEPHENS R R, Mcfarlane R A. Diode-pumped upconversion laser with 100-mW output power [J]. Optics Letters, 1993, 18 (1): 34-36.

[28] AUZEL F. Compteur quantique par transfert d' ènergie de Yb^{3+} à Tm^{3+} dans un tungstate mixte et dans un verre germinate [J]. Comptes Rendus de l'Académie des Science Paris, 1966, 263B: 819-821.

[29] JOHNSON L F, GUGGENHEIM G J. Infrared-pumped visible laser [J]. Applied Physics Letters, 1971, 19 (2): 44-47.

[30] HEBERT T, WANNEMACHER R, MACFARLANE R M, et al. Blue continuously pumped upconversion lasing in Tm: LiYF4 [J]. Applied Physics Letters, 1992, 60: 2592-2594.

[31] WANG X J, HUANG S H, LU L Z, et a1. Measurement of quantum efficiency in Pr^{3+} doped $CaAl_4O_7$ and $SrAl_4O_7$ crystals [J]. Applied Physics Letters, 2001, 79 (14): 2160-2162.

[32] YIN S, YAMAKI H, KOMATSU M, et al. Synthesis of visible-light reactive TiO_2-xNy photocatalyst by mechanochemical doping [J]. Solid State Sciences, 2005, 7 (12): 1479-1485.

[33] 张思远. 稀土离子的光谱学：光谱性质和光谱理论 [M]. 北京：科学出版社, 2008: 117-118.

[34] J Y ALLAIN, M MONERIE, H POIGNANT. Room temperature CW tunable green upconversion holmium fibre laser [J]. Electronics Letters, 1990, 26 (4): 261-263.

[35] MALINOWSKI M, KACZKAN M, WNUK A, et al. Emission from the high lying excited states of Ho^{3+} ions in YAP and YAG crystals [J]. Journal of Luminescence, 2004, 106 (3-4): 269-279.

[36] MILLS ANDREW, LE HUNTE. An overview of semiconductor photocatalysis [J]. Journal of Photochemistry and Photobiology A: Chemistry. 1997, 108 (1): 1-35.

[37] 赖惠珍. 二氧化钛在废水方面的应用 [J]. 科技资讯, 2011, (24): 27-28.

[38] WU Q, OUYANG J, XIE K, et al. Ultrasound-assisted synthesis and visible-light-driven photocatalytic activity of Fe-incorporated TiO_2 nanotube array photocatalysts [J]. Journal of Hazardous Materials, 2012 (199-200): 410-417.

[39] SENE J J, ZELTNER W A, ANDERSON M A. Fundamental photoelectroctalytic and electrophoretic mobility studies of TiO_2 and V-Doped TiO_2 thin-film electrode materials [J]. The Journal of Physical Chemistry B, 2007, 107 (7): 1597-1603.

[40] DEVI L G, MURTHY B N. Characterization of Mo doped TiO_2 and its enhanced photo catalytic activity under visible light [J]. Catalysis Letters, 2008, 125 (3-4): 320-330.

[41] SUN L, LI J, WANG C L, et al. An electrochemical strategy of doping Fe^{3+} into TiO_2 nanotube array films for enhancement in photocatalytic activity [J]. Solar Energy Materials and Solar Cells, 2009, 93 (10): 1875-1880.

[42] HU C, DUO S, LIU T, et al. Low temperature facile synthesis of anatase TiO_2 coated multiwalled carbon nanotube nanocomposites [J]. Materials Letters, 2010, 64 (22): 2472-2474.

[43] LI Y, JIANG Y, PENG S, et al. Nitrogen-doped TiO_2 modified with NH_4F for efficient photocatalytic degradation of formaldehyde under blue light-emitting diodes [J]. Journal of Hazardous Materials, 2010, 182 (1-3): 90-96.

[44] HUANG J, HO W, LEE FRANK S C. Facile synthesis of visible-light-activated F-doped TiO_2 hollow spheres by ultrasonic spray pyrolysis [J]. Science of Advanced Materials, 2012, 4 (8): 863-868.

[45] HU S, LI F, FAN Z. Enhanced photocatalytic activity of S-doped TiO_2 prepared via a modified sol-gel process [J]. Asian Journal of Chemistry, 2012, 24: 4389-4392.

[46] Burda C, Lou Y, Chen X, et al. Enhanced nitrogen doping in TiO_2 nanoparticles [J]. Nano Letters, 2003, 3 (8): 1049-1051.

[47] 杨建军，李东旭，李庆霖. 甲醛光催化氧化的反应机理 [J]. 物理化学学报, 2001, 17 (3): 278-281.

[48] PAN K, TIAN M, JIANG Z, et al. Electrochemical oxidation of lignin at lead dioxide nanoparticles photoelectrodeposited on TiO_2 nanotube arrays [J]. Electrochimica Acta, 2012, 60: 147-153.

[49] LAI Y, ZHUANG H, XIE K, et al. Fabrication of uniform Ag/TiO_2 nanotube array structures with enhanced photoelectrochemical performance [J]. New Journal of Chemistry, 2010, 34 (7): 1335-1340.

[50] TAMAŠAUSKAITĖ-TAMAŠIŪNAITĖ L, BALDROBNIČIŪNAITĖ A, ŠIMKūNAITĖ D, et al. Self-ordered Titania nanotubes and flat surfaces as a support for the deposition of nanostructured Au-Ni catalyst: enhanced electrocatalytic oxidation of borohydride [J]. Journal of Power Sources, 2012, 202: 85-91.

[51] TIAN M, WU G, CHEN A. Unique electrochemical catalytic behavior of Pt nanoparticles deposited on TiO_2 nanotubes [J]. ACS Catalysis, 2012, 2 (3): 425-432.

[52] ANPO M. The design and development of highly reactive titanium oxide photocatalysts operating under visible light irradiation [J]. Journal of Catalysis, 2003, 216 (1-2): 505-516.

[53] WU Q, OUYANG J, XIE K, et al. Ultrasound-assisted synthesis and visible-light-driven photocatalytic activity of Fe-incorporated TiO_2 nanotube array photocatalysts [J]. Journal of Hazardous Materials, 2012, 199-200: 410-417.

[54] SUN W, YU Y, PAN H, et al. CdS quantum dots sensitized TiO_2 nanotube-array photoelectrodes [J]. Journal of the American Chemical Society, 2008, 130 (4): 1124-1125.

[55] HOU Y, LI X, ZHAO Q, et al. Fabrication of Cu_2O/TiO_2 nanotube heterojunction arrays and investigation of its photoelectrochemical behavior [J]. Applied Physics Letters, 2009, 95 (9): 108-111.

[56] SHIN K, SEOK S, IM S, et al. CdS or CdSe decorated TiO_2 nanotube arrays from spray pyrolysis deposition: use in photoelectrochemical cells [J]. Chemical Communications, 2010, 46 (14): 2385-2387.

[57] 曹春兰. 二氧化钛复合纳米结构的制备和光电催化性能研究 [D]. 重庆：重庆大学，2013.

[58] DILLERT R, CASSANO A E, GOSLICH R, et al. Large scale studies in solar catalytic wastewater treatment [J]. Catalysis Today, 1999, 54 (2-3): 267-282.

[59] 高鹏. TiO_2包覆上转换发光材料的制备及其可见光催化性能的研究 [D]. 广州：暨南大学，2013.

[60] CHENG H, HUANG B, DAI Y. Engineering BiOX (X = Cl, Br, I) nanostructures for highly efficient photocatalytic applications [J]. Nanoscale, 2014, 6 (4): 29-226.

[61] LAI X, WANG C, JIN Q, et al. Synthesis and photocatalytic activity of hierarchical flower-like $SrTiO_3$ nanostructure [J]. Science China Materials, 2015, 58 (3): 192-197.

[62] ZHANG L, WONG K, YIP H, et al. Effective photocatalytic disinfection of E. coli K-12 using AgBr-Ag-Bi_2WO_6 nanojunction system irradiated by visible light: the role of diffusing hydroxyl radicals [J]. Environmental Science & Technology, 2010, 44 (4): 1392-1398.

[63] XU K, FU X, PENG Z. Facile synthesis and photocatalytic activity of La-doped BiOCl hierarchical, flower-like nano-/micro-structures [J]. Materials Research Bulletin, 2018, 98: 103-110.

[64] ZHU M, LIU Q, CHEN W, et al. Boosting the visible-light photoactivity of BiOCl/$BiVO_4$/N-GQDs ternary heterojunctions based on an internal z-scheme charge transfer of N-GQDs: simultaneous bandgap narrowing and carrier lifetime prolonging [J]. ACS Applied Materials & Interfaces, 2017, 44 (9): 832-841.

[65] REN L, ZHANG D, HAO X, et al. Facile synthesis of flower-like Pd/BiOCl/BiOI composites and photocatalytic properties [J]. Materials Research Bulletin, 2017, 94: 183-189.

[66] ZHANG X, ZHAO L, FAN C, et al. First-principles investigation of impurity concentration influence on bonding behavior, electronic structure and visible light absorption for Mn-doped BiOCl photocatalyst [J]. Physica B: Condensed Matter, 2012, 407 (21): 4416-4424.

[67] PARK Y, PRADHAN D, MIN B, et al. Adsorption and UV/Visible photocatalytic performance of BiOI for methyl orange, Rhodamine B and methylene blue: Ag and Ti-loading effects [J]. CrystEngComm, 2014, 16 (15): 3155-3167.

[68] LI T B, CHEN G, ZHOU C, et al. New photocatalyst BiOCl/BiOI composites with highly enhanced visible light photocatalytic performances [J]. Dalton Transactions (Cambridge, England : 2003), 2011, 40 (25): 6751.

[69] 蒋毅. 面择优 BiOCl 纳米片的可控制备及改性研究 [D]. 重庆: 重庆大学, 2016.

[70] BING S, ZHI Q, SHANG K, et al. Facile synthesis of silver sulfide/bismuth sulfide nanocomposites for photocatalytic inactivation of Escherichia coli under solar light irradiation [J]. Materials Letters, 2013, 91: 142-145.

[71] ALLEN M J, TUNG V C, KANER R B. Honeycomb carbon: a review of graphene. [J]. Chemical Reviews, 2010, 110 (1): 132-145.

[72] WONBONG C, INDRANIL L, et al. Synthesis of graphene and its applications: a review [J]. Critical Reviews in Solid State and Materials Sciences, 2010, 35 (1): 52-71.

[73] SHAO Y, WANG J, WU H, et al. Graphene based electrochemical sensors and biosensors: a review [J]. Electroanalysis, 2010, 22 (10): 1027-1036.

[74] V KOHLSCHüTTER, HAENNI P. Zur kenntnis des graphitischen kohlenstoffs und der graphitsäure [J]. Ztschrift Fr Anorganische Und Allgemne Chemie, 2010, 105 (1): 121-144.

[75] WALLANCE P R. The band theory of graphite [J]. Physical Review, 1947, 71 (9): 622-634.

[76] RUESS G, F VOGT. Hochstlamellarer kohlenstoff aus graphit-oxyhydroxyd[J]. Monatshefte für Chemie-Chemical Monthly, 1948, 78(3): 222-242.

[77] MCCLURE J W. Diamagnetism of graphit [J]. Physical Review, 1956, 104 (3): 666-671.

[78] MOUAS S, HAMM A, DJURADO D, et al. Synthesis of first stage graphite intercalation compounds with fluorides [J]. Cheminform, 1987, 24 (5): 572-582.

[79] NETO C, ANTONIO H. Pauling's dreams for graphene [J]. Physics Online Journal, 2009, 2: 7-14.

[80] Novoselov K S, Geim A K, Morozov S V, et al. Electric field effect in atomically thin carbon films [J]. Science, 2004, 306 (5696): 666-669.

[81] WILLIAMS G, SEGER B, KAMAT P V. TiO_2-graphene nanocomposites. UV-assisted photocatalytic reduction of graphene oxide. [J]. ACS Nano, 2008, 2 (7): 1487-1493.

[82] WANG D, CHOI D, LI J, et al. Self-assembled TiO_2-graphene hybrid nanostructures for enhanced Li-ion insertion [J]. ACS Nano, 2009, 3 (4): 907. 914-922.

[83] ZHANG Y, TANG Z R, FU X, et al. TiO_2-graphene nanocomposites for gas-phase photocatalytic degradation of volatile aromatic pollutant: is TiO_2-graphene truly different from other TiO_2-carbon composite materials? [J]. ACS Nano, 2010, 4 (12): 7303-7315.

[84] ZHANG Y, PAN C. TiO_2/graphene composite from thermal reaction of graphene oxide and its photocatalytic activity in visible light [J]. Journal of Materials Science, 2011, 46 (8): 2622-2626.

[85] KHALID N R, AHMED E, HONG Z, et al. Synthesis and photocatalytic properties of visible light responsive La/TiO_2/graphene composites [J]. Applied Surface Science, 2012, 263 (48): 254-259.

[86] ZHOU C H, QIAN X U, SHENG-TAO L I, et al. Chaege transfer and dielectric properties of TiO_2/grapheme composites [J] . Journal of Advanced Dielectrics, 2012, 02 (1): 125.

[87] YANG Y, LIU E, FAN J, et al. Green and facile microwave-assisted synthesis of TiO_2/graphene nanocomposite and their photocatalytic activity for methylene blue degradation [J]. Russian Journal of Physical Chemistry A, 2014, 88 (3): 478-483.

[88] HUANG Q, TIAN S, ZENG D, et al. Enhanced photocatalytic activity of chemically bonded TiO_2/graphene composites based on the effective interfacial charge transfer through the C-Ti bond [J]. ACS Catalysis, 2013, 3 (7): 1477-1485.

[89] YADAV P, PANDEY K, BHATT P, et al. Probing the electrochemical properties of TiO_2/graphene composite by cyclic voltammetry and impedance spectroscopy [J]. Materials Science & Engineering B, 2016, 206: 22-29.

[90] 嵇天浩，郄楠，王继梅，等. $NaYF_4$：Yb，Er/氧化石墨烯纳米复合材料的制备、表征及上转换发光性能 [J]. 光谱学与光谱分析，2013，33(3)：642-646.

[91] REN L, QI X, LIU Y, et al. Upconversion-P25-graphene composite as an advanced sunlight driven photocatalytic hybrid material [J]. Journal of Materials Chemistry, 2012, 22 (23): 11765-11771.

[92] WANG W, HUANG W, NI Y, et al. Graphene supported β-$NaYF_4$: Yb^{3+}, Tm^{3+}, and N doped P25 nanocomposite as an advanced NIR and sunlight driven upconversion photocatalyst [J]. Applied Surface Science, 2013, 282: 832-837.

[93] WANG W. A NIR-driven photocatalyst based on α-$NaYF_4$: Yb, Tm @ TiO_2, core-shell structure supported on reduced graphene oxide [J]. Applied Catalysis B: Environmental, 2016, 182: 184-192.

[94] QIN W, ZHANG D, ZHAO D, et al. Near-infrared photocatalysis based on YF_3: Yb^{3+}, Tm^{3+}/TiO_2 core/shell nanoparticles [J]. Chemical Communications, 2010, 46 (13): 2304-2306.

[95] ZHANG D S, ZHAO D, ZHENG K Z, et al. Synthesis and upconversion luminescence of $NaYF_4$: Yb, Tm/TiO_2 core/shell nanoparticles with controllable shell thickness [J]. Journal of Nanoscience and Nanotechnology, 2011, 11: 9761-9764.

[96] 刘恩周，樊君，胡晓云，等. 基于上转换发光的可见/近红外光催化研究现状及展望 [J]. 化工进展. 2011 (12)：2621-2627.

[97] WANG J, WEN F Y, ZHANG Z H, et al. Degradation of dyestuff wastewater using visible light in the presence of a novel nano TiO_2 catalyst doped with upconversion luminescence agent [J]. Journal of Environmental Science, 2005, 17: 727-730.

[98] WANG J, WEN F, ZHANG Z, et al. Investigation on degradation of dyestuff wastewater using visible light in the presence of a novel nano TiO2 catalyst doped with upconversion luminescence agent [J]. Journal of Photochemistry and Photobiology A: Chemistry, 2006, 180 (1-2): 189-195.

[99] FENG G, LIU S, XIU Z, et al. Visible light photocatalytic activities of TiO_2 nanocrystals doped with upconversion luminescence agent [J]. The Journal of Physical Chemistry C, 2008, 112 (35): 13692-13699.

[100] HOU D, GOEI R, WANG X, et al. Preparation of carbon-sensitized and Fe-Er codoped TiO_2 with response surface methodology for bisphenol A photocatalytic degradation under visible-light irradiation [J]. Applied Catalysis B: Environmental, 2012, 126: 121-133.

2　二元复合上转换催化材料

2.1　材料的制备与表征

2.1.1　YF_3：Ho^{3+}上转换材料的制备

采用水热法制备上转换材料 YF_3：Ho^{3+}，称量 0.474 3 g Y_2O_3、0.011 4 g Ho_2O_3、1.073 3 g NaF 和 0.622 5 g EDTA，将 Y_2O_3、Ho_2O_3和 NaF 分别完全溶解于 35 mL 稀硝酸溶液、5 mL 稀硝酸溶液和 40 mL 超纯水中；再将稀土离子的硝酸盐溶液充分搅拌混合均匀，并向其中投入 EDTA，搅拌 30 min，然后将 NaF 的水溶液加入到上述混合液中，剧烈搅拌 1 h；将所得混合液转移至 100 mL 水热反应釜内，再置于恒温干燥箱中 200 ℃下反应 24 h；待自然冷却至室温后，离心分离，并用超纯水和无水乙醇交替洗 3 次；最后，将所得固体于电热烘箱中烘干，即得上转换发光材料 YF_3：Ho^{3+}。改变 Y^{3+}/Ho^{3+}摩尔比 $R_{Y/Ho}$（分别设定为 60：1、70：1、80：1）和水热反应温度 T（分别设定为 200 °C、220 °C、250 °C），制备方法同上，具体实验条件如表 2.1所示。

表 2.1　样品制备条件

样品序号	Y^{3+}/Ho^{3+}摩尔比	水热反应温度/℃
a	60：1	200
b	70：1	200
c	80：1	200

表2.1(续)

样品序号	Y^{3+}/Ho^{3+}摩尔比	水热反应温度/℃
d	70：1	220
e	70：1	250

注：所有样品均在如下实验条件下合成：水热反应时间为 24 h，$NaF/Ln_2O_3/EDTA$ 的摩尔比为 12：1：1。Ln_2O_3代表 Y_2O_3与 Ho_2O_3的物质的量之和；$R_{Y/Ho}$代表 Y^{3+}/Ho^{3+}摩尔比。

2.1.2 YF_3：Ho^{3+}@TiO_2二元复合上转换催化剂的制备

利用溶胶凝胶法制备上转换材料复合的光催化剂 YF_3：Ho^{3+}@TiO_2，此方法参照高鹏等[1]的研究成果并有所调整。首先形成前驱体 A 和 B。前驱体 A：将 TBOT（8.0 mL），C_2H_5OH（30.0 mL），CH_3COOH（2.0 mL）剧烈搅拌 30 min 混合均匀；前驱体 B：将 H_2O（4.0 mL）和 C_2H_5OH（20.0 mL）搅拌均匀，加入 0.02 g YF_3：Ho^{3+}粉末后剧烈搅拌分散均匀。在强力搅拌下，将前驱体 B 逐滴滴入前驱体 A 中，控制滴加速度约为 1 mL/min，搅拌 1 h 后静置 24 h；然后将其置于电热烘箱中烘干。将所得的固体充分研磨成粉末，再在箱式电阻炉中 400 ℃下煅烧 2 h，升温速度为 2 ℃/min。冷却后即得产品 YF_3：Ho^{3+}@TiO_2。

改变 TBOT 投加量 D_{TBOT}（分别为 0.1 mL、0.5 mL、1.0 mL、2.0 mL、4.0 mL、6.0 mL、8.0 mL）和水解反应时间 t（分别为 15 min、30min、60 min、90 min），制备方法同上，具体实验条件如表 2.2 所示，其他实验条件均相同。

表 2.2 样品制备条件

样品序号	TBOT 投加量 D_{TBOT}/mL	水解反应时间 t/min
A	0.1	60
B	0.5	60
C	1.0	60
D	2.0	60
E	4.0	60
F	6.0	60
G	8.0	60

表2.2(续)

样品序号	TBOT 投加量 D_{TBOT}/mL	水解反应时间 t/min
H	6.0	15
I	6.0	30
J	6.0	90

2.1.3 性能表征

(1) XRD 表征

使用 Rigaku D/Max-1 200 型的 X 射线衍射仪对上转换材料 YF_3：Ho^{3+} 和光催化剂 YF_3：Ho^{3+}@TiO_2 进行测试，分析它们的晶型和物相组成，以 Cu Kα为射线源（λ =1.540 5 Å），扫描步宽为 0.02°，功率为 3 kw，扫描范围为 10° ~ 80°。

(2) SEM 表征

采用 JSM-7 800F 场发射扫描电镜对上转换材料 YF_3：Ho^{3+} 进行分析，观察材料的微观表面形貌、粒径和颗粒的分布，放大倍数为 30 ~ 300 k。

(3) EDS 表征

能谱分析运用的是 JSM-7800F 场发射扫描电镜自带的 EDS，可对上转换材料 YF_3：Ho^{3+} 和光催化剂 YF_3：Ho^{3+}@TiO_2 的元素种类进行定性和半定量分析，可进一步确定材料的组成成分。

(4) TEM 表征

透射电镜用以分析光催化剂 YF_3：Ho^{3+}@TiO_2 的超显微结构、形貌以及粒径。本实验采用的是 FEI Tecnai G20 高分辨透射电镜，最大放大倍数约为 100 万，自带 CCD794 相机。

(5) UV-Vis DRS 表征

UV3010 紫外可见分光光度计是本实验中使用频率最高的仪器，上转换材料的紫外可见漫反射吸收光谱、罗丹明 B 溶液浓度-吸光度工作曲线以及光催化降解实验的吸收光谱均是通过该仪器完成，可确定物质的吸收波长和对应的吸光度，扫描波长范围为 190 ~ 900 nm，波长移动为 4 500 nm/min。在紫外可见漫反射的测试过程中，使用固体样品检测系统时，在硫酸钡基底上进行压片。

(6) 荧光发射光谱表征

上转换材料 YF_3：Ho^{3+}和光催化剂 YF_3：Ho^{3+}@TiO_2的荧光发光光谱由Fluorolog-3荧光光谱仪测定，据此可分析上转换发光现象，并推测上转换材料 YF_3：Ho^{3+}的发光机理。测试波长范围为200～900 nm，450 W的氙灯为激发光源，扫描速度为150 nm/s。

(7) XRF表征

采用X射线荧光光谱仪（XRF-1800）可对上转换材料 YF_3：Ho^{3+}中的元素进行准确的定性、定量分析，据此判断 Ho^{3+}离子的比重及其含量变化对上转换材料发光性能的影响。X射线管：4KW薄窗口、Rh靶、端窗型；最大功率：60KV、140mA；扫描角度（2θ）范围：0～118°。

2.1.4 光催化活性评价

(1) 底物的选择

本研究的目的之一是要利用制备的光催化剂 YF_3：Ho^{3+}@TiO_2降解水体中环境关注度高的有机污染物，如工业有机废水中常见的染料等，这些物质用一般的生物处理方法难以有效去除。所以，本研究选择了染料废水中的常见污染物罗丹明B作为研究对象。

① 罗丹明B性质

罗丹明B（Rhodamine B，RhB），分子式为 $C_{28}H_{31}ClN_2O_3$，又称玫瑰红B，俗称花粉红，是一种具有鲜桃红色的非挥发性人工合成染料，氧杂蒽染料中的重要代表物。常温下为红紫色粉末或绿色结晶，几乎没有异味，易溶于水和乙醇，水溶液为蓝红色，稀释后有强烈荧光，具有良好的稳定性和染色能力。染料废水是工业废水中常见的有机污染物，若水体中染料的浓度过高，则会影响水体的美观性并导致阳光的穿透性变差，不利于水体中生物的生长。RhB是一种被广泛应用于光催化领域研究的模拟污染物，其性质较为稳定，耐光和耐氧化的能力相对较强，常规的氧化剂对罗丹明B的去除能力非常有限。RhB水溶液的UV-Vis吸收光谱测试相对比较简单，便于实验室研究[2]。

② 罗丹明B紫外可见吸收光谱图

配制10.0 mg/L的罗丹明B溶液为母液，用紫外-可见分光光度计进行吸收光谱扫描，测得最大吸收波长为552 nm，如图2.1所示。

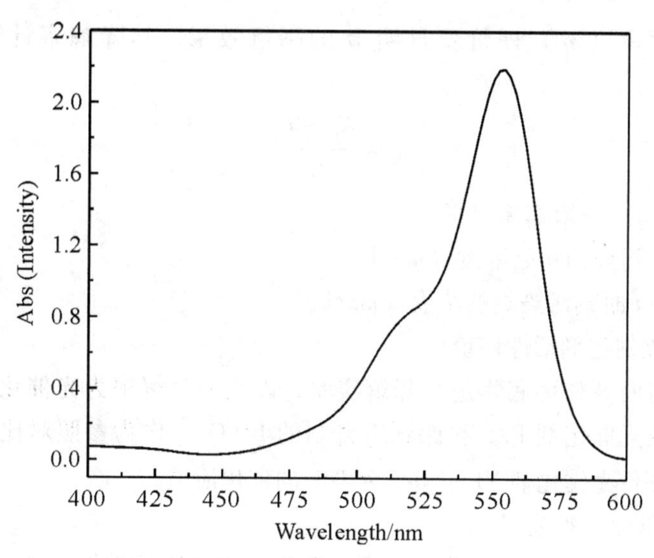

图 2.1　罗丹明 B 溶液紫外可见吸收光谱

③ 罗丹明 B 溶液浓度-吸光度工作曲线

从 10.0 mg/L 的罗丹明 B 溶液的母液中量取不同体积的罗丹明 B 标准液，稀释不同倍数，用容量瓶定容，配成浓度分别为 0.5 mg/L、1.0 mg/L、2.0 mg/L、4.0 mg/L、6.0 mg/L、8.0 mg/L，在 552 nm 处测定吸光度，绘制罗丹明 B 溶液浓度（C）—吸光度（A）的标准曲线，如图 2.2 所示。从图 2.2 可知，在一定范围内，浓度（C）与吸光度（A）呈线性关系。

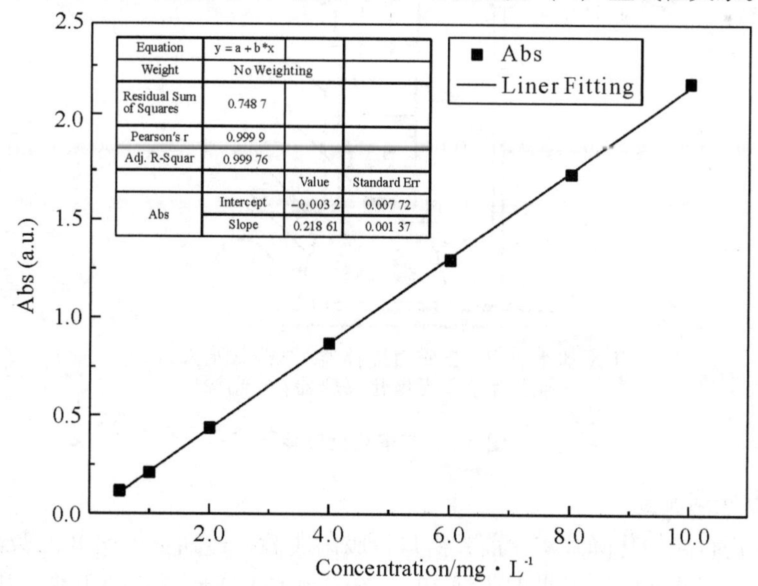

图 2.2　罗丹明 B 溶液标准工作曲线

以降解率（η）评价罗丹明 B 的降解效果，其降解率计算方法见式 2.1：

$$\eta = \frac{C_0 - C_t}{C_0} \tag{2.1}$$

式中，η——降解率（%）

C_0——污染物初始浓度（mg/L）

C_t——t 时刻污染物的浓度（mg/L）

（2）光催化剂活性评价

将罗丹明 B 作为底物进行降解实验，以它的降解率为光催化活性评价指标，并将光催化剂 P25 和课题组自制的 $BiVO_4$[3] 作为参照对比光催化效果，据此评价光催化剂 YF_3：Ho^{3+}@TiO_2的催化活性。

① 光催化实验装置

反应容器均为 500 mL 烧杯，反应液为一定浓度的模拟污染物罗丹明 B 水溶液 500 mL。光源为 500 W 长弧氙灯（配有 420 nm 截止滤光片滤去紫外光），置于烧杯上方，烧杯置于自制的光催化水冷散热系统中，防止反应液蒸发，并保持反应温度不变。光催化反应装置如图 2.3 所示：

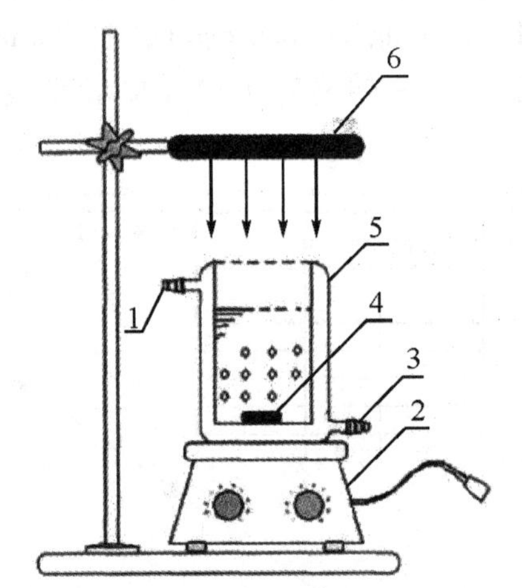

1.冷却水出口；2.磁力搅拌器；3.冷却水入口；
4.搅拌子；5.光催化反应器；6.光源。

图 2.3　光催化反应装置

② 吸附实验

在进行光催化降解实验前，需进行吸附实验，达到罗丹明 B 的吸附-脱附平衡，以排除吸附对光催化剂 YF_3：Ho^{3+}@TiO_2活性评价的干扰，从而更准确地体现催化剂的光催化降解能力。在避光环境下，将一定量的 YF_3：

Ho^{3+}@TiO_2投入到反应液中，混合均匀，搅拌 30 min，并取吸附前和吸附后的样品各 8 mL，样品经低速 3 000 r/min 离心和高速 10 000 r/min 离心后，用 UV-Vis 法测试罗丹明 B 样品在 552 nm 处的吸光度。

③ 降解实验

反应液经暗吸附处理后，开启光源，持续搅拌反应 10 h，每隔 2 h 取一次样，每次取 8.0 mL。样品经两次离心后，测试方法同吸附实验。

（3）制备条件的影响

本研究中所使用的光催化剂 YF_3：Ho^{3+}@TiO_2，制备过程复杂，在其合成过程中，条件的微小变化就会对材料的结构和形貌产生很大的影响，从而影响到最终产物的性质和使用性能。因此，采用单因素实验，考察了钛酸丁酯的投加量 D_{TBOT}和水解反应时间 t 对制备光催化剂 YF_3：Ho^{3+}@TiO_2的影响。

① 钛酸丁酯投加量 D_{TBOT}

在光催化剂的制备过程中，设定不同的钛酸丁酯投加量 D_{TBOT}（0.1 mL、0.5 mL、1 mL、2 mL、4 mL、6 mL、8 mL），得到一组 TiO_2含量不同的光催化剂 YF_3：Ho^{3+}@TiO_2，以此组样品进行光催化降解实验，测试模拟污染物罗丹明 B 的降解率，评价其光催化活性，得出最佳的钛酸丁酯投加量。

② 钛酸丁酯水解反应时间 t

钛酸丁酯的水解反应时间是影响光催化活性的另一重要因素，将其设定为 15 min、30 min、60 min、90 min，测试样品对模拟污染物罗丹明 B 的降解率，得出最佳的钛酸丁酯水解反应时间，并确定最优的光催化剂 YF_3：Ho^{3+}@TiO_2。

（4）操作参数的影响

在光催化降解实验过程中，操作参数会影响光催化剂的催化效果，从而影响到光催化剂对罗丹明 B 的降解效果。因此，采用单因素实验，考察了光催化剂投加量 m_{cata}、底物初始浓度 C_0和光照强度 E 对光催化活性的影响。

① 光催化剂投加量 m_{cata}

设定不同的光催化剂投加量 m_{cata}（0.05 g、0.10 g、0.15 g、0.20 g、0.25 g），在最适宜的底物浓度下，测试最优光催化剂对底物罗丹明 B 的降解率，得出最佳的光催化剂投加量。

② 底物初始浓度 C_0

改变底物的初始浓度 C_0（4.0 mg/L、5.0 mg/L、6.0 mg/L、7.0 mg/L、8.0 mg/L），测试最优的光催化剂对底物罗丹明 B 的降解率，确定最适宜的底物初始浓度。

③ 光照强度 E

改变光源与反应液面的距离 d（15 cm、20 cm、25 cm、30 cm），以此改变反应体系表面的光照强度 E，液面距离与光照强度的对应关系见表 2.3。在最佳的底物初始浓度和光催化剂投加量的条件下，测试模拟污染物罗丹明 B 的降解率，分析光照强度对光催化活性的影响。

表 2.3　液面距离与光照强度的对应关系

液面距离 d/cm	光照强度 E/×10^2lx
15	1 415
20	871
25	523
30	435

2.2　YF_3:Ho^{3+}上转换材料的性能

2.2.1　理化特征

(1) YF_3：Ho^{3+}物相表征分析

上转换材料的物相和晶型由 XRD 测试分析，用 Jade 6.5 软件进行物相辨析，测试结果如图 2.4 所示。从图 2.4 可以看出，所得样品的衍射峰均能与斜方相 YF_3的标准卡（JCPDS No. 74-0911）一一对应，图中没有出现任何杂质的衍射峰，由此证明通过水热法合成了斜方相的 YF_3样品。从图 2.4 中还可以观察到，5 个样品的衍射峰强度几乎一致，有极个别的衍射峰强度存在差异，说明 Y^{3+}/Ho^{3+}摩尔比 $R_{Y/Ho}$和水热反应温度 T 的变化对上转换材料的物相和晶型影响极小。

图 2.4 中并未观察到 Ho^{3+}离子的衍射峰，说明 Ho^{3+}离子已经成功掺入到 YF_3的晶格中，或由于 Ho^{3+}离子在上转换材料中浓度较低而超出了仪器的检测限，所以未能检测到，又或者是这两个原因均存在。通过水热法所制备的样品与标准卡之间，衍射峰的强度存在细微的差别，表明所获得的样品的结晶度或形貌存在差异，此结果与 SEM 测试结果一致，不同样品之间的形貌略有差别。

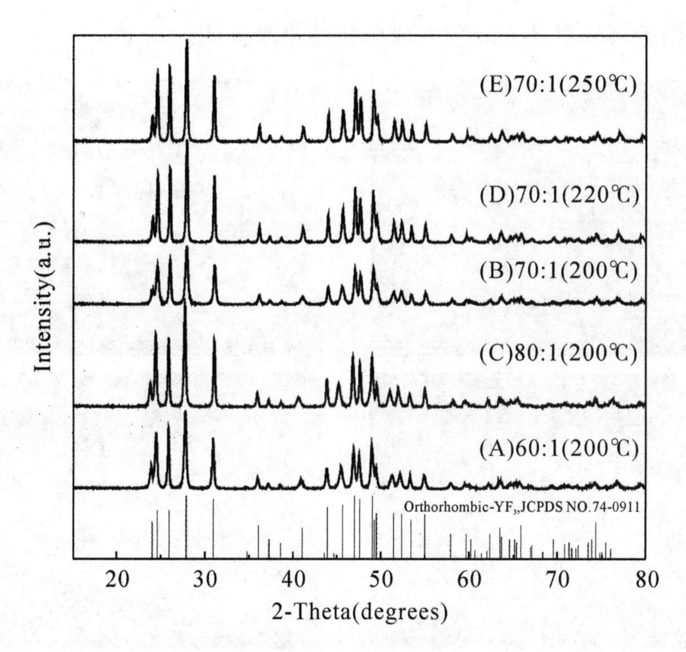

(A) $R_{Y/Ho}$ = 60∶1，T = 200 °C；(B) $R_{Y/Ho}$ = 70∶1，T = 200 °C；(C) $R_{Y/Ho}$ = 80∶1，T = 200 °C；(D) $R_{Y/Ho}$ = 70∶1，T = 220 °C；(E) $R_{Y/Ho}$ = 70∶1，T = 250 °C。

图 2.4 上转换材料 YF_3：Ho^{3+} 的 XRD 图谱

(2) YF_3：Ho^{3+}表面形貌表征分析

上转换材料 YF_3：Ho^{3+}的表面形貌和颗粒大小通过场发射扫描电子显微镜观察得知。图 2.5 为 5 组上转换材料样品的 SEM 图。从图 2.5 中可以看出，颗粒大小为纳米级，且呈米粒状，整体来看较为均一，但是团聚现象较为严重。如图 2.5（a）~（c）所示，改变上转换材料中 Y^{3+}/Ho^{3+}摩尔比 $R_{Y/Ho}$对颗粒的形貌和大小几乎没有影响，所有样品平均长度约为 100 nm，直径约 50 nm。

对比图 2.5 b 和图 2.5（d）~（e），水热反应温度 T 对颗粒的形貌和尺寸有较大影响，随着水热反应温度的升高，粒径逐渐增大。当水热反应温度升高到 220 ℃时，米粒状颗粒虽占大多数，但已经出现了部分椭球形颗粒，颗粒长度从 100 nm 增大至 120 nm，其直径从 50 nm 增大至 60 nm。当水热反应温度进一步升高至 250 ℃时，椭球形颗粒占绝大多数，米粒状颗粒大幅减少，而且颗粒长度从 100 nm 增大至 150 nm，直径增大至 80 nm。众所周知，材料的性能与其形貌和尺寸息息相关，水热反应温度显著改变了上转换材料的形貌和尺寸，因而势必会对上转换材料的发光性能产生较大

影响，此结论可通过荧光发射光谱分析结果来证明。

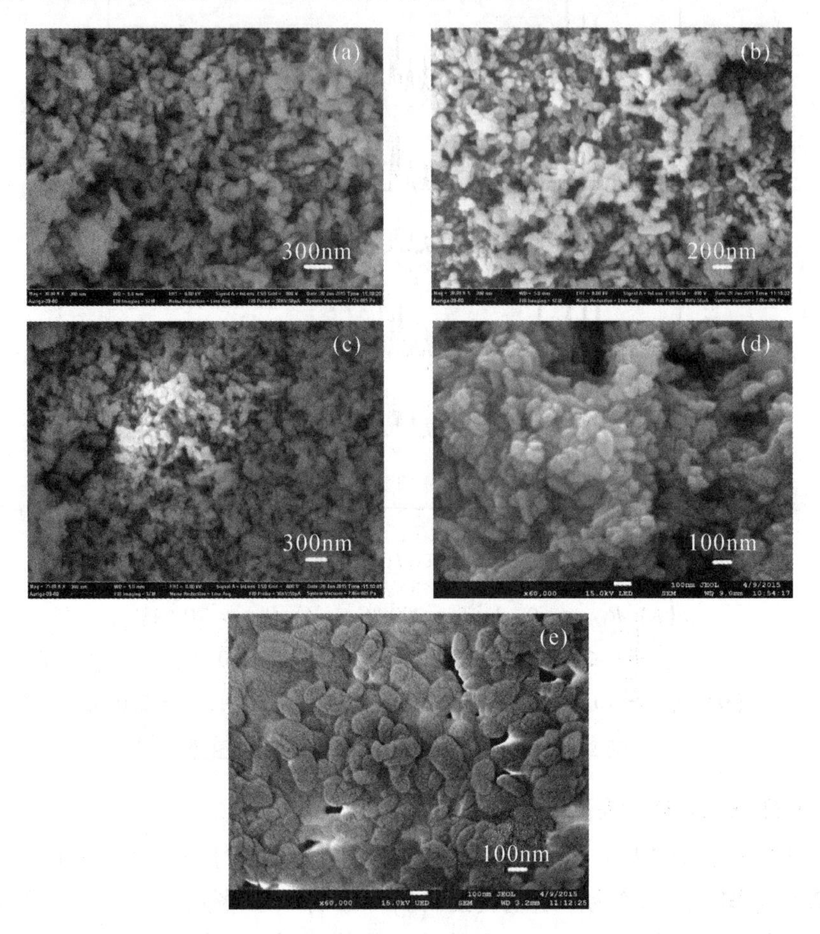

(a) $R_{Y/Ho}$ = 60 : 1, T = 200 °C; (b) $R_{Y/Ho}$ = 70 : 1, T = 200 °C;
(c) $R_{Y/Ho}$ = 80 : 1, T = 200 °C; (d) $R_{Y/Ho}$ = 70 : 1, T = 220 °C;
(e) $R_{Y/Ho}$ = 70 : 1, T = 250 °C。

图 2.5　上转换材料 YF_3：Ho^{3+} 扫描电镜图

(3) YF_3：Ho^{3+}元素组成表征分析

上转换材料 YF_3：Ho^{3+}的元素组成可通过扫描电镜自带的 EDS 能谱进行定性和半定量分析，在 SEM 图中的颗粒上进行点扫描得到如图 2.6 所示的 EDS 能谱分析图。从图 2.6 可以观察到，5 组上转换材料样品均含有 Y、F 和 Ho 元素，由此可知激活剂 Ho^{3+}离子已成功掺杂到上转换材料之中。结合上文 XRD 的分析测试结果，可进一步确定通过水热法成功制备出了比较纯的上转换材料 YF_3：Ho^{3+}。从图 2.6 和表 2.4 还可以看出，Ho^{3+}离子在上转

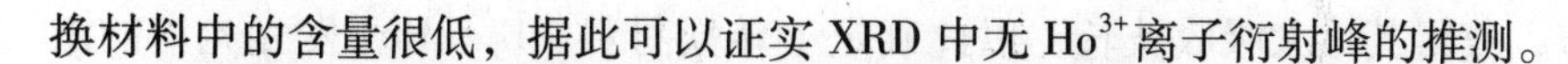
换材料中的含量很低，据此可以证实 XRD 中无 Ho^{3+} 离子衍射峰的推测。

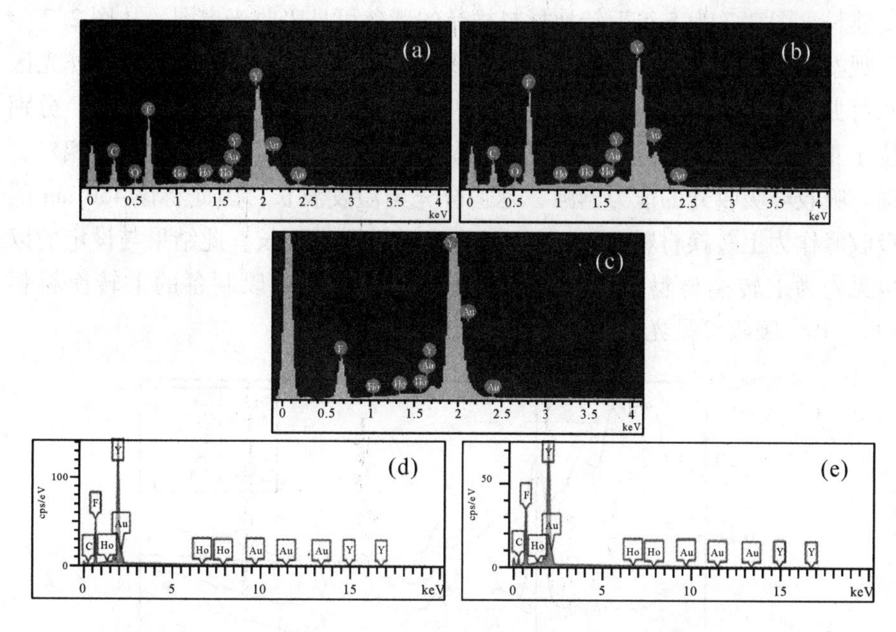

（a）$R_{Y/Ho}$ = 60∶1，T = 200 °C；（b）$R_{Y/Ho}$ = 70∶1，T = 200 °C；

（c）$R_{Y/Ho}$ = 80∶1，T = 200 °C；（d）$R_{Y/Ho}$ = 70∶1，T = 220 °C；

（e）$R_{Y/Ho}$ = 70∶1，T = 250 °C。

图 2.6　上转换材料 YF_3：Ho^{3+} 能谱分析图

表 2.4　上转换材料 YF_3：Ho^{3+} 的 EDS 分析

样品序号	制备条件	Atonic/%		
		Y	F	Ho
a	$R_{Y/Ho}$ = 60∶1，T = 200 °C	47	21	0.87
b	$R_{Y/Ho}$ = 70∶1，T = 200 °C	56	42	0.80
c	$R_{Y/Ho}$ = 80∶1，T = 200 °C	43	35	0.67
d	$R_{Y/Ho}$ = 70∶1，T = 220 °C	55	28	1.25
e	$R_{Y/Ho}$ = 70∶1，T = 250 °C	45	30	1.6

2.2.2　光学性质

（1）YF_3：Ho^{3+} 紫外可见漫反射吸收光谱分析

采用紫外可见分光光度计测定上转换材料的吸收光谱（如图 2.7 所

示)，获得其最大吸收波长，以此确定上转换材料 YF_3：Ho^{3+} 发光光谱的激发波长。图 2.7 为 5 组上转换材料样品的紫外可见吸收光谱图。从图 2.7 中可观察到所有上转换材料对 200 ~ 700 nm 波段的光均有吸收，在紫外光区和可见光区吸收较强。所有上转换材料在可见光区域均有 3 个吸收峰，分别位于 450 nm、538 nm 和 644 nm。整体来看，450 nm 处吸收峰的强度相对更强。吸收峰吸收光的能力越强，越适合充当激发波长，因此将该 450 nm 的吸收峰作为上转换材料 YF_3：Ho^{3+} 发光光谱的激发波长。此结果与设定的以可见光为上转换材料激发光源的目标完全一致，所以制备的上转换材料 YF_3：Ho^{3+} 吸收可见光后发射出紫外光是切实可行的。

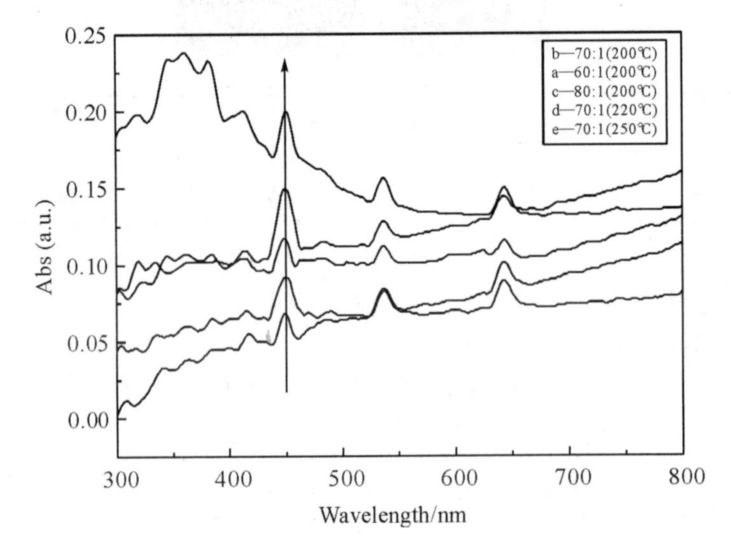

(a) $R_{Y/Ho}$ = 60 : 1，T = 200 °C；(b) $R_{Y/Ho}$ = 70 : 1，T = 200 °C；(c) $R_{Y/Ho}$ = 80 : 1，T = 200 °C；(d) $R_{Y/Ho}$ = 70 : 1，T = 220 °C；(e) $R_{Y/Ho}$ = 70 : 1，T = 250 °C。

图 2.7　上转换材料 YF_3：Ho^{3+} 紫外可见吸收光谱

(2) YF_3：Ho^{3+} 上转换发光性质分析

采用 Fluorolog-3 荧光光谱仪测试样品的发射光谱，分析其上转换发光性质。图 2.8 和图 2.9 为 450 nm 可见光激发下上转换材料的发射光谱图(图中的小图为局部放大图)，可明显观察到 5 组样品发射光谱的轮廓基本相似，而且在 288 nm 的紫外光区域均有一个很强的发射峰，此发射峰来自 Ho^{3+} 离子的 $^5D_4 \rightarrow {}^5I_8$ 跃迁，由此可知实现了将可见光转换为紫外光的实验目的。

从图 2.8 中可知，3 组不同 Y^{3+}/Ho^{3+} 摩尔比 $R_{Y/Ho}$ 样品的发光强度存在显著差异，可归因于上转换材料中 Ho^{3+} 离子掺杂浓度的变化。随着 Y^{3+}/Ho^{3+} 摩尔比 $R_{Y/Ho}$ 的降低（从 80∶1 降低至 60∶1），荧光发光强度呈现先增大后降低的趋势。当 $R_{Y/Ho}$ 从 80∶1 降低到 70∶1 时，Ho^{3+} 离子的相对浓度增大，发光强度明显增强，这是因为 Ho^{3+} 离子是上转换材料中决定发光强度的首要因素—激活剂，激活剂的含量直接决定了上转换材料的发光强弱，所以 Ho^{3+} 离子浓度增加时发光强度随之增大。当 $R_{Y/Ho}$ 从 70∶1 降低至 60∶1 后，发光强度反而大幅度降低，这是由于 Ho^{3+} 离子浓度过高引起荧光淬灭，从而降低了上转换的发光强度。由此可知，激活剂在上转换材料中不宜过高也不宜过低，否则都会降低发光强度，进而影响上转换发光效率。

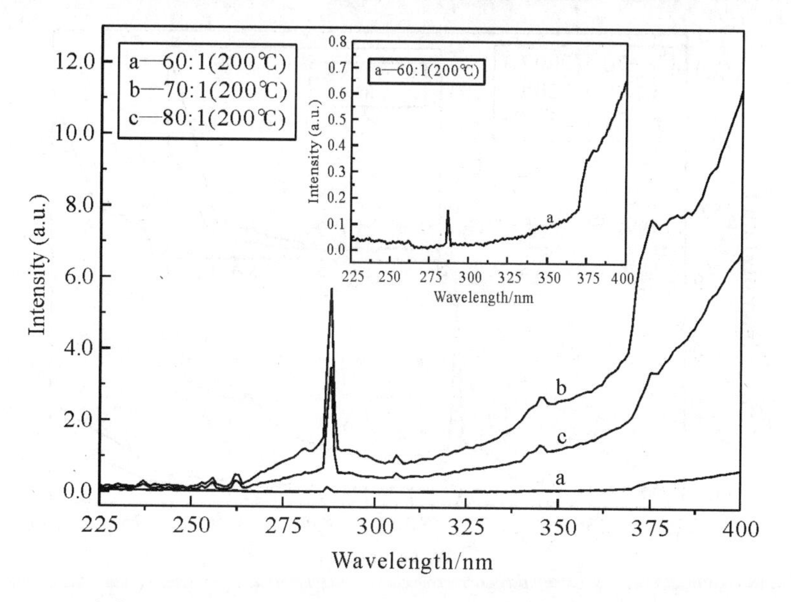

(a) $R_{Y/Ho}$ = 60∶1；(b) $R_{Y/Ho}$ = 70∶1；(c) $R_{Y/Ho}$ = 80∶1。

图 2.8 不同 $R_{Y/Ho}$ 上转换材料 YF_3：Ho^{3+} 荧光发射光谱

从上文的分析结果可知，水热反应温度的不同能够显著改变上转换材料的形貌和尺寸，据此推测它会对上转换材料的发光性能产生较大影响。为确定该结论是否正确，测试表征了 3 组不同水热反应温度下制备的样品的荧光发射光谱图（见图 2.9）。从图 2.9 中可观察到，在稀土离子浓度相同的条件下，随着水热反应温度的升高，发光强度迅速降低。因为水热反应的温度越高，YF_3 的结晶速度越快，导致能够进入到 YF_3 晶体内部的 Ho^{3+} 离子就越少，而能够进入到 YF_3 晶体内部的 Ho^{3+} 离子的量才是决定发光强度的关键，所以发光强度随之减弱。

为了验证上述结论，使用 X 射线荧光光谱仪（XRF-1800）对这 3 组上转换材料进行了定量分析，以确定上转换材料中 Ho^{3+} 离子的浓度，测试结果如表 2.5 所示。洗前含量表示的是上转换材料 YF_3：Ho^{3+} 未经处理直接测试所得的结果，洗后含量表示的是上转换材料 YF_3：Ho^{3+} 经二甲基甲酰胺（DMF）清洗 3 次后的测试结果，使用 DMF 的目的是为了洗掉 YF_3：Ho^{3+} 晶体表面而未进入晶体内部的 Ho^{3+}，所以洗后的测试结果就是 YF_3：Ho^{3+} 晶体内各元素的真实含量。从表 2.5 中可以看出，洗前和洗后 Ho^{3+} 离子的含量均随着水热反应温度的升高而降低，因此可证明结论的合理性，水热反应温度的确会影响掺入到 YF_3 中 Ho^{3+} 的浓度。结合上文分析结果可知，在制备上转换材料时应选择适宜的水热反应温度。

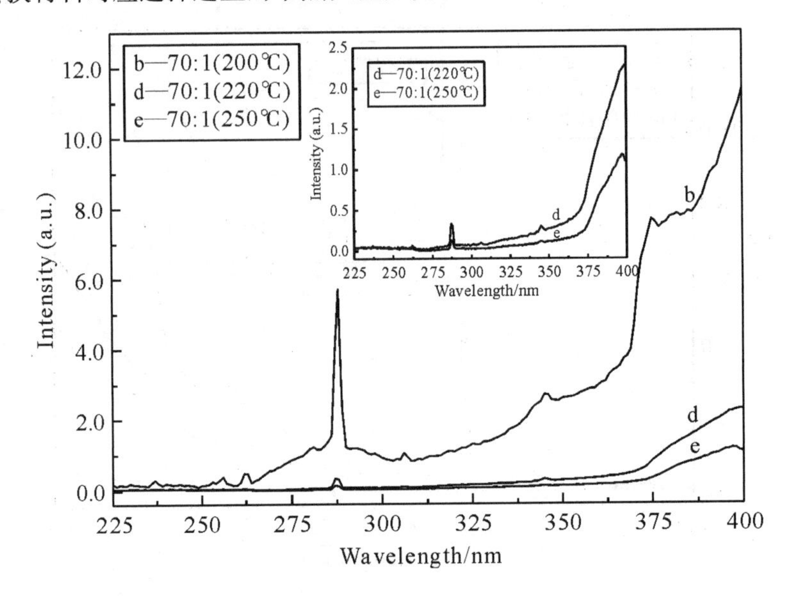

(b) T = 200 °C；(d) T = 220 °C；(e) T = 250 °C。

图 2.9　不同水热反应温度上转换材料 YF_3：Ho^{3+} 荧光发射光谱

表 2.5　上转换材料 YF_3：Ho^{3+} 的 XRF 分析结果

样品序号	制备条件	洗前含量/%			洗后含量/%		
		Y	F	Ho	Y	F	Ho
b	$R_{Y/Ho}$ = 70 : 1，T = 200 °C	51.11	18.23	1.02	45.64	11.01	0.60
d	$R_{Y/Ho}$ = 70 : 1，T = 220 °C	45.28	14.10	0.62	30.84	7.86	0.47
e	$R_{Y/Ho}$ = 70 : 1，T = 250 °C	28.64	23.43	0.60	23.83	10.43	0.42

2.2.3 发光机理

对于上转换发光过程，其发光强度与激发光功率成正比例关系[4]，关系如下：$I \propto P^n$（I 表示上转换发光强度，P 表示光源的激发功率，n 表示实现上转换所需的光子数）。图 2.10 为上转换材料 YF_3：Ho^{3+} 发光强度与激发功率的双对数关系曲线图，图中直线为拟合结果。从图 2.10 中可知，根据紫外光区域 288 nm 发射峰（$^5D_4 \rightarrow {}^5I_8$）的发光强度计算所得的斜率为 2.56，即光子数 n 为 2.56。因此，上转换材料 YF_3：Ho^{3+} 的紫外发光为三光子发光过程。除此之外，结合能级图和三光子发光过程分析，推测双光子发光过程也极有可能发生。

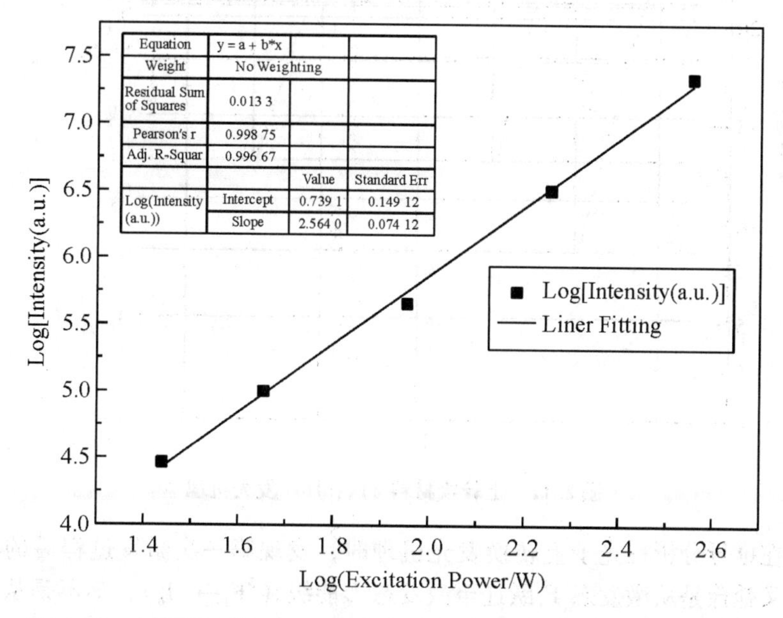

图 2.10 上转换材料 YF_3：Ho^{3+} 发光强度与激发功率的双对数关系曲线

图 2.11 为上转换材料 YF_3：Ho^{3+} 发光机理图，在 Ho^{3+} 离子单掺的体系中，需结合其能级图来分析上转换的发光机理。在三光子上转换发光过程中，Ho^{3+} 离子在 450 nm 光源的激发下，首先通过基态吸收（GSA）从基态 $^5I_8$ 能级跃迁至激发态 $^5F_1$ 能级（$^5I_8 \rightarrow {}^5F_1$），再通过非辐射交叉弛豫（$^5F_1 \rightarrow {}^5I_6$）跃迁回至激发态 $^5I_6$ 能级。经第二次激发，位于激发态 $^5I_6$ 能级的 Ho^{3+} 离子吸收相同能量的光子，通过激发态吸收（ESA）跃迁至激发态 $^5G_3$ 能级（$^5I_6 \rightarrow {}^5G_3$），然后同样经过非辐射交叉弛豫（$^5G_3 \rightarrow {}^5I_4$）回落至激发

态$^5I_4$能级。在第三步的激发过程中，相同的激发光源使处于激发态的离子通过激发态吸收（ESA）从激发态$^5I_4$能级跃迁至激发态$^5D_4$能级（$^5I_4 \to {}^5D_4$）。最后，位于高激发态$^5D_4$能级的离子跃迁回基态$^5I_8$能级（$^5D_4 \to {}^5I_8$），发射出 288 nm 的紫外光，从而实现可见-紫外的上转换发光。

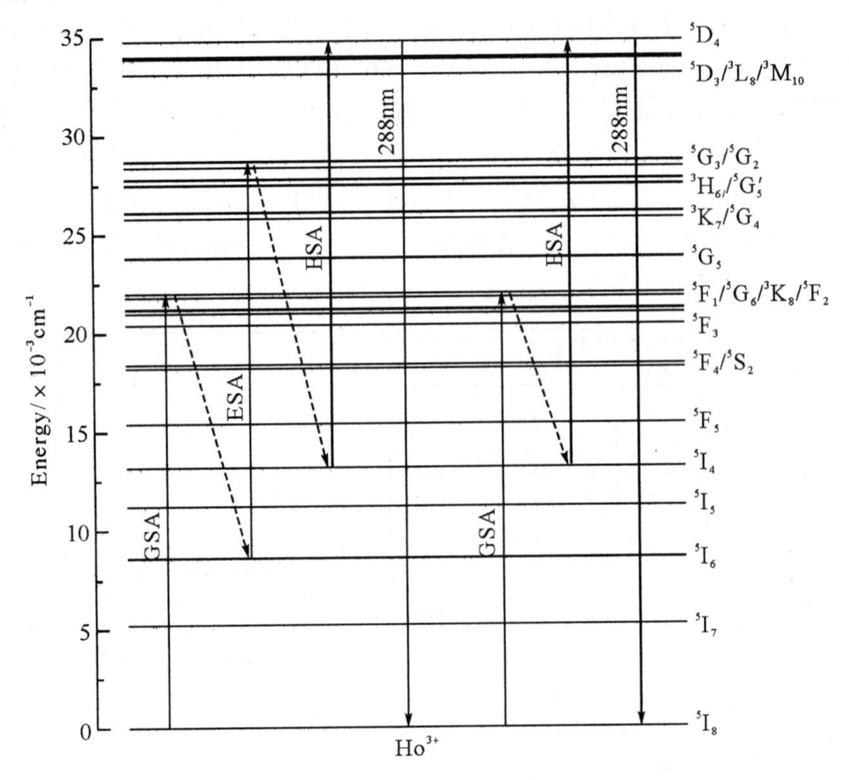

图 2.11　上转换材料 YF_3：Ho^{3+}发光机理

在推导分析三光子上转换发光机理时，发现第一次激发过程后的非辐射交叉弛豫是从激发态$^5F_1$跃迁至激发态$^5I_6$能级（$^5F_1 \to {}^5I_6$），却不是从激发态$^5F_1$能级跃迁至激发态$^5I_4$能级（$^5F_1 \to {}^5I_4$），然而与$^5F_1 \to {}^5I_6$相比，从$^5F_1 \to {}^5I_4$更加容易，所以推测双光子上转换发光过程很有可能发生。与三光子上转换发光过程一样，Ho^{3+}离子在 450 nm 光源的激发下，通过基态吸收（GSA）从基态$^5I_8$能级跃迁至激发态$^5F_1$能级（$^5I_8 \to {}^5F_1$），同样通过非辐射交叉弛豫（$^5F_1 \to {}^5I_4$）跃迁回激发态$^5I_4$能级，而不是激发态$^5I_6$能级。在第二步的激发过程中，位于激发态$^5I_4$能级的 Ho^{3+}离子吸收相同能量的光子，经激发态吸收（ESA）直接跃迁至激发态$^5D_4$能级（$^5I_4 \to {}^5D_4$）。最后，Ho^{3+}离子从高激发态的$^5D_4$能级跃迁回基态$^5I_8$能级（$^5D_4 \to {}^5I_8$），并发射出 288 nm 的紫外光，实现双光子上转换的发光过程。

2.3 YF_3：Ho^{3+}@TiO_2上转换催化材料的性能

2.3.1 物相特征

（1）YF_3：Ho^{3+}@TiO_2物相表征分析

YF_3：Ho^{3+}@TiO_2的物相和晶型由 XRD 测试分析，用 Jade 6.5 软件进行物相辨析，测试结果如图 2.12 所示。图 2.12 显示了在不同钛酸丁酯投加量的条件下制得的光催化剂 YF_3：Ho^{3+}@TiO_2的 XRD 图谱。从图 2.12 中可以观察到，所得 7 组样品的衍射峰均能与锐钛矿 TiO_2的标准卡（JCPDS No. 21-1272）一一对应，由此可知通过此溶胶凝胶法制备的光催化剂中得到的是锐钛矿的 TiO_2，而锐钛矿型的 TiO_2光催化性能最佳，有利于提高 YF_3：Ho^{3+}@TiO_2的光催化性能。

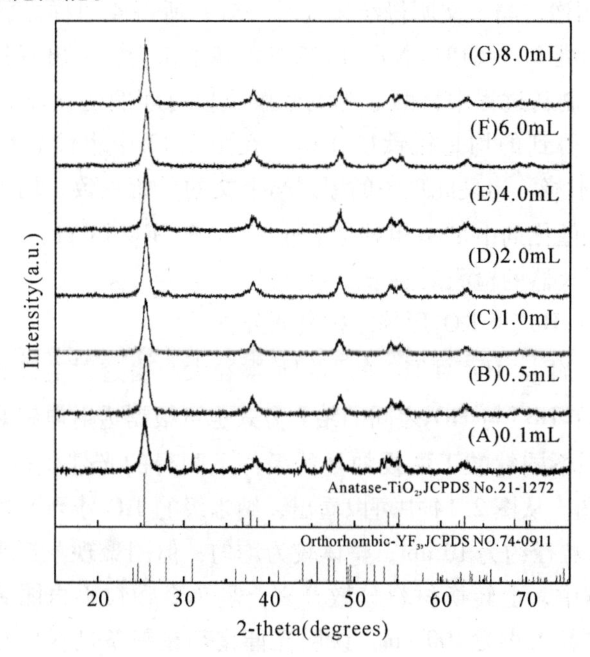

（A）D_{TBOT} = 0.1 mL；（B）D_{TBOT} = 0.5 mL；（C）D_{TBOT} = 1.0 mL；
（D）D_{TBOT} = 2.0 mL；（E）D_{TBOT} = 4.0 mL；
（F）D_{TBOT} = 6.0 mL；（G）D_{TBOT} = 8.0 mL。

图 2.12 不同 TBOT 投加量的光催化剂 YF_3：Ho^{3+}@TiO_2的 XRD

与此同时，研究者还发现只有钛酸丁酯投加量 D_{TBOT} 为 0.1 mL 时才出现了几个较弱的斜方相 YF_3 的衍射峰（JCPDS No. 74-0911），其他 6 组的样品均只观察到锐钛矿 TiO_2 的衍射峰而没有斜方相 YF_3 的衍射峰。此现象可归因于钛酸丁酯投加量过多，使得光催化剂中 TiO_2 相对含量过高，而上转换材料 YF_3：Ho^{3+} 的相对含量较低超出了仪器的检测限而未能检测到。除此之外，还有可能是因为 TiO_2 包覆了上转换材料 YF_3：Ho^{3+}，导致 TiO_2 的强衍射峰掩盖了上转换材料 YF_3：Ho^{3+} 的衍射峰。当钛酸丁酯投加量降低到一定程度后，才逐渐显现上转换材料 YF_3：Ho^{3+} 的衍射峰。以上结论可说明通过溶胶凝胶法合成了光催化剂 YF_3：Ho^{3+}@TiO_2，而且在制备过程中钛酸丁酯投加量 D_{TBOT} 的变化没有改变上转换材料的物相和晶型，仅影响了锐钛矿 TiO_2 和上转换材料 YF_3：Ho^{3+} 的相对含量，也因此影响了光催化剂的降解效果，此结果与下文中光催化性能研究结果一致，不同钛酸丁酯投加量样品之间的光催化性能存在显著差异。

图 2.13 为钛酸丁酯不同水解反应时间下制得的光催化剂 YF_3：Ho^{3+}@TiO_2 的 XRD 图谱。与上文所得结果几乎一致，所得 4 组样品的衍射峰与锐钛矿 TiO_2 的标准卡（JCPDS No. 21-1272）基本符合，未出现其他杂质的衍射峰，说明在制备过程中钛酸丁酯的水解反应时间的变化没有改变 TiO_2 的物相和晶型，得到的均是锐钛矿 TiO_2。在图 2.13 中也没有检测到斜方相 YF_3 的特征衍射峰，出现此现象的原因与上文的分析一致，均是钛酸丁酯投加量过多，光催化剂中 TiO_2 相对含量过高，上转换材料 YF_3：Ho^{3+} 的相对含量较低超出了仪器的检测限而未能检测到。

（2）YF_3：Ho^{3+}@TiO_2 形貌结构表征分析

光催化剂 YF_3：Ho^{3+}@TiO_2 的形貌和颗粒大小由透射电镜测试分析，上转换材料 YF_3：Ho^{3+} 与 TiO_2 之间的结合方式也可根据透射电镜观察得知。图 2.14 为 7 组在不同钛酸丁酯投加量的条件下制得的光催化剂 YF_3：Ho^{3+}@TiO_2 的 TEM 图。从图 2.14 中可以看出，纳米级的 TiO_2 小颗粒附着在上转换材料上，TiO_2 粒径约为 10 nm，整体较为均匀，但团聚现象严重。在光催化剂的制备过程中，上转换材料分散开来，呈单个颗粒不再团聚，为米粒状或椭球形，颗粒大小为 100 nm，说明光催化剂在制备过程中几乎没有改变上转换材料的尺寸和形貌。

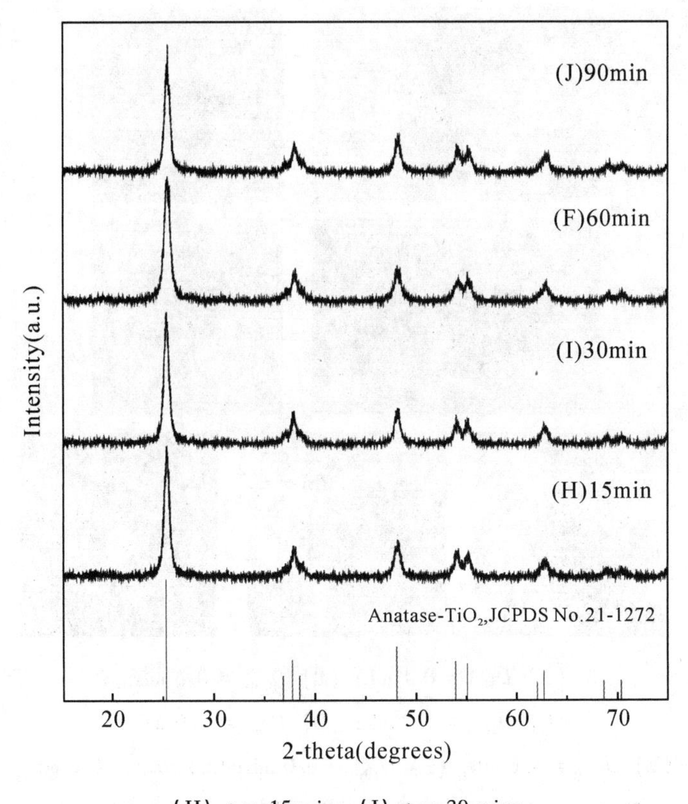

（H）t = 15 min；（I）t = 30 min；

（F）t = 60 min；（J）t = 90 min。

图 2.13 不同水解反应时间下光催化剂 YF_3：Ho^{3+}@TiO_2**的** XRD

当制备过程中钛酸丁酯的投加量逐渐增大时，上转换材料表面负载的TiO_2颗粒逐渐增多。钛酸丁酯的投加量较少时，TiO_2并没有均匀的包覆在上转换材料上，YF_3：Ho^{3+}有部分表面裸露在外，随着钛酸丁酯投加量逐渐增加，上转换材料才逐渐被小颗粒的 TiO_2完全包裹起来。

图 2.15 为钛酸丁酯在不同水解反应时间下制得的光催化剂 YF_3：Ho^{3+}@TiO_2的 TEM 图。所得结果与上述结果相似，TiO_2小颗粒附着在上转换材料上，颗粒较为均匀，粒径约为 10 nm，团聚现象严重。上转换材料 YF_3：Ho^{3+}颗粒呈米粒状或椭球形，颗粒大小约为 100 nm，说明在光催化剂的制备过程中上转换材料的尺寸和形貌几乎没有发生变化。钛酸丁酯的水解反应时间不同，上转换材料颗粒表面负载的 TiO_2的量也不同。随着水解反应时间的延长，上转换材料颗粒表面负载的 TiO_2量逐渐增多，而且 TiO_2与上转换材料的结合也会愈加紧密。

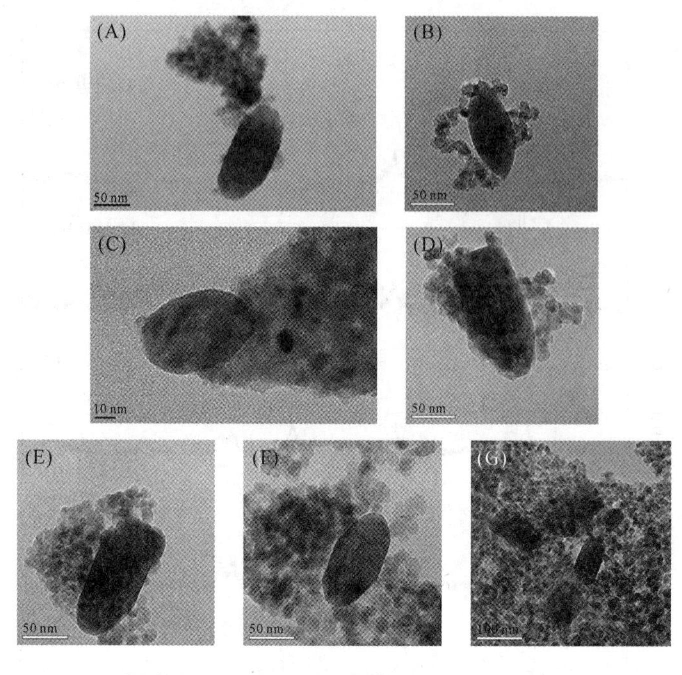

(A) D_{TBOT} = 0.1 mL; (B) D_{TBOT} = 0.5 mL;

(C) D_{TBOT} = 1.0 mL; (D) D_{TBOT} = 2.0 mL;

(E) D_{TBOT} = 4.0 mL; (F) D_{TBOT} = 6.0 mL; (G) D_{TBOT} = 8.0 mL。

图 2.14 不同 TBOT 投加量的光催化剂 YF_3: Ho^{3+}@TiO_2的 TEM

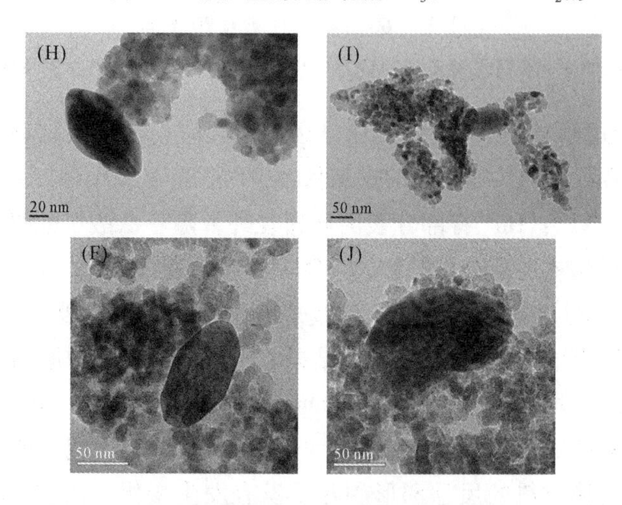

(H) t = 15 min; (I) t = 30 min;

(F) t = 60 min; (J) t = 90 min。

图 2.15 不同水解反应时间下光催化剂 YF_3: Ho^{3+}@TiO_2的 TEM

2.3.2 光学性质

图 2.16 为 450 nm 可见光激发下光催化剂 YF_3：Ho^{3+}@TiO_2的荧光发射光谱图。从图 2.16 中可观察到 7 组样品发射光谱的轮廓基本相似，与上转换材料 YF_3：Ho^{3+}一样具有相同的上转换发光特性，在 288 nm 的紫外光区域均有一个较强的发射峰，此发射峰也是来自 Ho^{3+}离子的$^5D_4 \rightarrow {}^5I_8$跃迁。上转换材料 YF_3：Ho^{3+}表面负载了 TiO_2之后，其上转换的发光能力有所变弱，结合上转换材料的荧光发射光谱图可知，上转换材料吸收 450 nm 的可见光后发射出的紫外光被 YF_3：Ho^{3+}表面负载的 TiO_2吸收了。另外，随着钛酸丁酯投加量的增加，光催化剂 YF_3：Ho^{3+}@TiO_2的荧光发光强度明显变弱，因为上转换材料 YF_3：Ho^{3+}表面负载的 TiO_2颗粒增多，导致了能够到达上转换材料 YF_3：Ho^{3+}的激发光的阻碍增强，降低了到达的激发光能量[6]，而且大量 TiO_2颗粒的存在吸收了绝大部分发射出来的紫外光，从而使光催化剂 YF_3：Ho^{3+}@TiO_2的发射光强度下降。

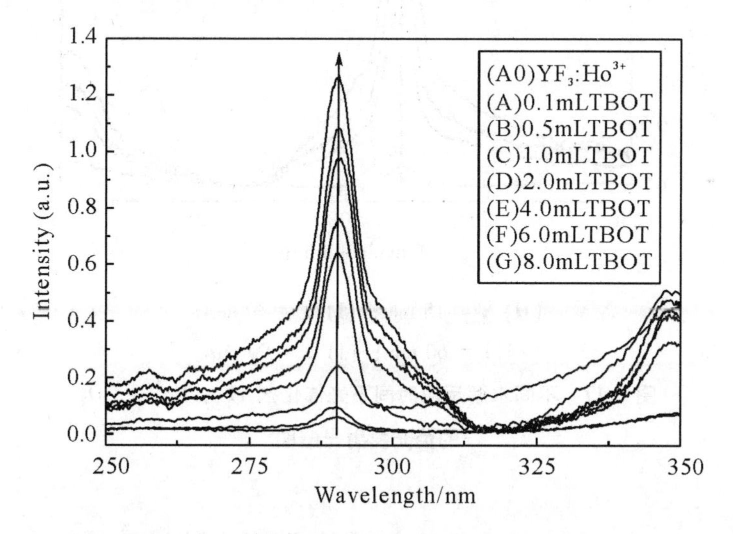

（A0）上转换材料 YF_3：Ho^{3+}；（A）D_{TBOT} = 0.1 mL；（B）D_{TBOT} = 0.5 mL；（C）D_{TBOT} = 1.0 mL；（D）D_{TBOT} = 2.0 mL；（E）D_{TBOT} = 4.0 mL；（F）D_{TBOT} = 6.0 mL；（G）D_{TBOT} = 8.0 mL。

图 2.16 不同 TBOT 投加量的光催化剂 YF_3：Ho^{3+}@TiO_2的荧光发射光谱

图 2.17 为钛酸丁酯在不同水解反应时间下制得的光催化剂 YF_3：Ho^{3+}@TiO_2的荧光发射光谱图。所得结果与上述结果一致，尽管改变了钛酸丁酯

的水解反应时间，但是上转换材料 YF_3：Ho^{3+}表面负载了 TiO_2之后，仍具有与上转换材料相同的上转换发光特性，在 450 nm 可见光的激发下，能够发射出 288 nm 的紫外光。当水解反应时间从 15 min 延长至 60 min 时，光催化剂 YF_3：Ho^{3+}@TiO_2的荧光发光强度明显变弱。其原因与上文的分析相似，随着水解反应时间的延长，上转换材料 YF_3：Ho^{3+}表面负载的 TiO_2颗粒增多，导致了能够到达上转换材料 YF_3：Ho^{3+}的激发光的阻碍增强，降低了到达的激发光能量，所以发光强度变弱。当水解反应时间进一步增至 90 min 时，光催化剂 YF_3：Ho^{3+}@TiO_2的荧光发光强度并没有继续减弱而是增强。笔者查阅了大量文献，仍未能找到合理解释，所以对于此现象尚无法做出合理解释，需要后续进一步展开深入研究。

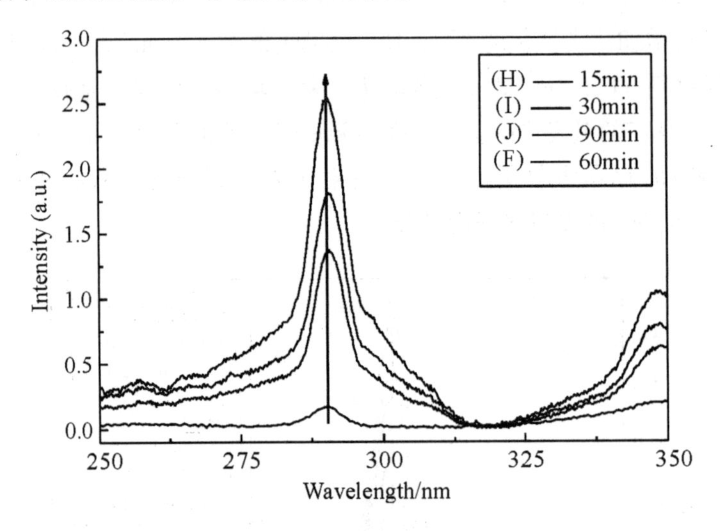

（H） t = 15 min；（I） t = 30 min；

（F） t = 60 min；（J） t = 90 min。

图 2.17　不同水解反应时间下光催化剂 YF_3：Ho^{3+}@TiO_2 的荧光发射光谱图

2.4　二元上转换催化材料

2.4.1　光催化活性及影响条件

（1）不同 TBOT 投加量对光催化活性的影响

图 2.18 为钛酸丁酯投加量对光催化剂 YF_3：Ho^{3+}@TiO_2降解 RhB 的影

响。从图 2.18 中可以看出，所有样品对 RhB 的吸附效果均较差，暗吸附处理去除的 RhB 不到 1%。催化剂 YF_3：Ho^{3+}@TiO_2的光催化效率随着钛酸丁酯投加量的增多先增大后降低，当钛酸丁酯投加量为 6.0 mL 时，光催化效率达到最大，其值为 54.3%。当钛酸丁酯投加量较少时，光催化剂对 RhB 的降解率随之增大，结合上文中光催化剂的物相和形貌分析，推测其主要原因是上转换材料 YF_3：Ho^{3+}表面负载的 TiO_2颗粒逐渐增多，YF_3：Ho^{3+}吸收可见光后发射出的紫外光能被更多的 TiO_2颗粒吸收，从而激发 TiO_2产生更多的电子空穴对，所以提高了对 RhB 的降解率。当钛酸丁酯投加量进一步增大至 8.0 mL 时，光催化效率并没有进一步提高反而降低至 46.5%，出现这种现象是因为上转换材料 YF_3：Ho^{3+}表面负载的 TiO_2颗粒过多，从光催化剂 YF_3：Ho^{3+}@TiO_2的 TEM 图可知，当钛酸丁酯投加量为 8.0 mL 时，TiO_2已将上转换材料 YF_3：Ho^{3+}完全包裹起来，从而影响了上转换材料对可见光的吸收，而且相对而言上转换材料的含量较少，导致其将可见光转换为紫外光的能力有限，所以催化剂的光催化活性降低。由此可知，制备光催化剂 YF_3：Ho^{3+}@TiO_2时钛酸丁酯的投加量不宜过多也不宜过少，需选择适当的量才能获得较高光催化活性的光催化剂 YF_3：Ho^{3+}@TiO_2。

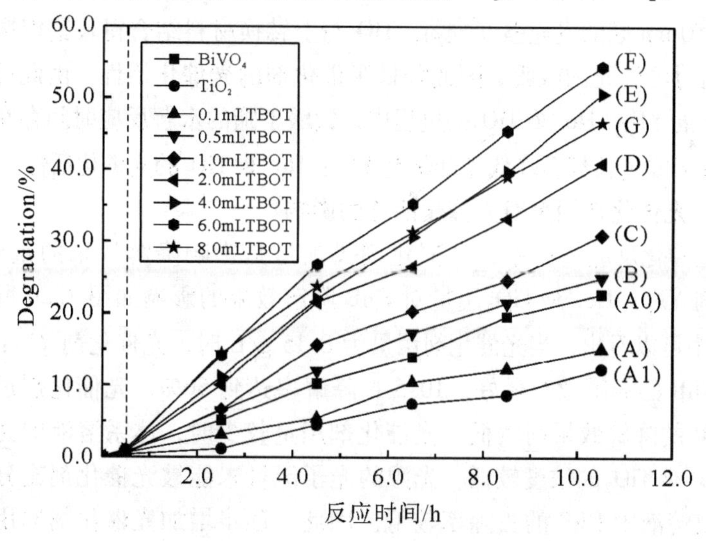

(A) D_{TBOT} = 0.1 mL; (B) D_{TBOT} = 0.5 mL;

(C) D_{TBOT} = 1.0 mL; (D) D_{TBOT} = 2.0 mL;

(E) D_{TBOT} = 4.0 mL; (F) D_{TBOT} = 6.0 mL;

(G) D_{TBOT} = 8.0 mL; (A0) $BiVO_4$; (A1) TiO_2。

图 2.18 TBOT 投加量对光催化剂 YF_3：Ho^{3+}@TiO_2降解 RhB 的影响

作为对比的光催化剂 P25 和 $BiVO_4$ 对 RhB 的降解率分别为 12.2% 和 22.6%，普遍低于光催化剂 YF_3：Ho^{3+}@TiO_2的光催化效率。由此可以看出，制得的光催化剂 YF_3：Ho^{3+}@TiO_2能够弥补 TiO_2在可见光下不能产生光催化作用的缺陷，而且其光催化效率要优于常见的可见光响应的光催化剂 $BiVO_4$。

（2）不同水解反应时间对光催化活性的影响

图 2.19 为钛酸丁酯水解反应时间对光催化剂 YF_3：Ho^{3+}@TiO_2降解 RhB 的影响。从图 2.19 中可以看出，水解反应时间过长或过短均会降低催化剂 YF_3：Ho^{3+}@TiO_2的光催化活性。当水解反应时间为 60 min 时，催化剂 YF_3：Ho^{3+}@TiO_2的光催化降解效果最好。当水解反应时间从 15 min 逐渐延长至 60 min 时，光催化剂 YF_3：Ho^{3+}@TiO_2对 RhB 的降解率随之增大，与上文中钛酸丁酯投加量对光催化剂 YF_3：Ho^{3+}@TiO_2降解 RhB 的影响相似，极可能是上转换材料 YF_3：Ho^{3+}表面负载的 TiO_2颗粒随着水解反应时间的延长而逐渐增多，因此上转换材料 YF_3：Ho^{3+}吸收可见光后发射出的紫外光能被更多的 TiO_2颗粒吸收，从而提高了 YF_3：Ho^{3+}@TiO_2的光催化活性。当水解反应时间延长至 90 min 时，光催化活性降低至 32.8%，我们可将其归因于钛酸丁酯水解反应时间过长，TiO_2颗粒与上转换材料 YF_3：Ho^{3+}结合得比较紧密，因为降解实验所用光源在 450 nm 处的发光强度较弱，TiO_2与上转换材料结合得较紧密影响了上转换材料对可见光的吸收，因此降低了催化剂的光催化活性。由此可知，制备光催化剂 YF_3：Ho^{3+}@TiO_2的过程中，钛酸丁酯的水解反应时间存在一个最佳值，过短或过长都会降低光催化剂 YF_3：Ho^{3+}@TiO_2的光催化活性。

（3）光催化剂用量对光催化活性的影响

在光催化反应过程中，光催化剂投加量是影响降解效果的重要因素。光催化剂 YF_3：Ho^{3+}@TiO_2用量对 RhB 降解效果的影响如图 2.20 所示。从图 2.20 中可以看出，当光催化剂用量为 0.15 g/L 时，光催化剂 YF_3：Ho^{3+}@TiO_2对 RhB 的降解效果最好，10.5 h 降解率达到 56%，光催化剂过多或过少时 RhB 的降解效果均较低。光催化剂用量较少时，体系溶液中光催化剂 YF_3：Ho^{3+}@TiO_2的浓度较低，光源的光子能量未能被光催化剂充分吸收利用，所以溶液中 RhB 的去除率较低。因此，逐步增加光催化剂的用量有利于提高体系的光催化降解效果。当光催化剂的用量增加至 0.20 g 时，光催化降解效果反而呈下降趋势，去除率降低至 42.7%，因为此时体系中光催化剂的量过多，引起了光散射，降低了溶液的透光率，因此降低了光催化反应速度和降解效果，并会造成光催化剂浪费[7]。

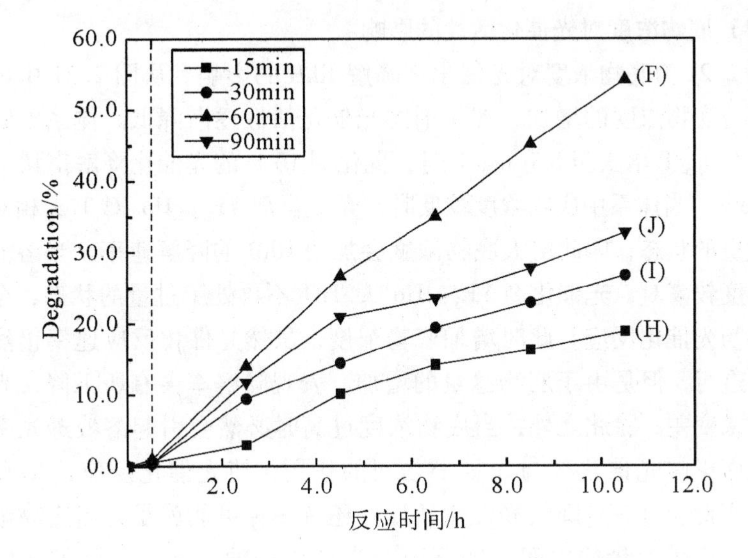

(H) t = 15 min; (I) t = 30 min; (F) t = 60 min;
(J) t = 90 min。

图 2.19 水解反应时间对光催化剂 YF_3：Ho^{3+}@TiO_2降解 RhB 的影响

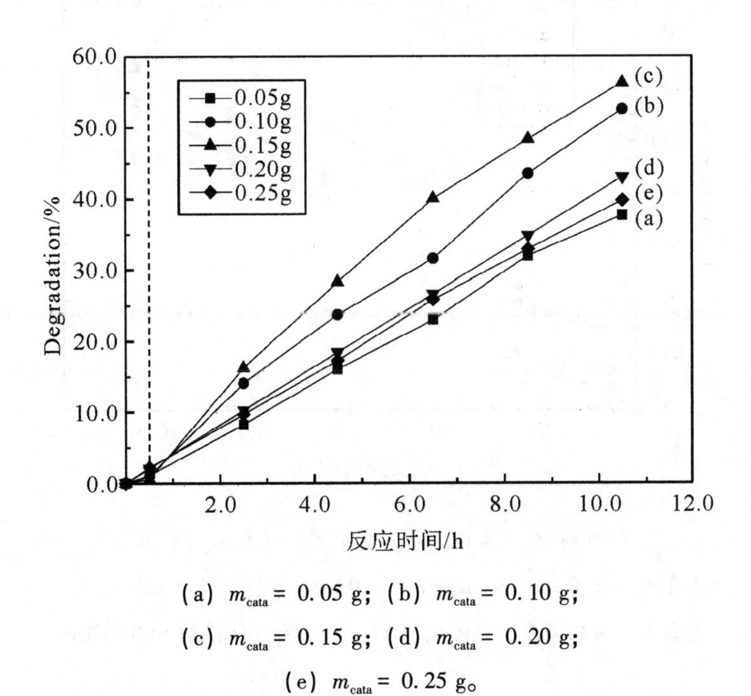

(a) m_{cata} = 0.05 g; (b) m_{cata} = 0.10 g;
(c) m_{cata} = 0.15 g; (d) m_{cata} = 0.20 g;
(e) m_{cata} = 0.25 g。

图 2.20 光催化剂用量对催化剂 YF_3：Ho^{3+}@TiO_2降解 RhB 的影响

（4）底物浓度对光催化活性的影响

图2.21为底物浓度对光催化剂降解RhB的影响。从图2.21中可以看出，随着底物浓度的增加，催化剂的光催化活性逐渐降低。体系中底物浓度从4.0 mg/L增大至8.0 mg/L时，催化剂10 h的光催化降解率从76%降低至56%。当体系中底物浓度较低时，光催化剂YF_3：Ho^{3+}@TiO_2相对来说处于过量的状态，因此增大底物浓度会加快RhB的降解速率。当溶液中底物的浓度较高时，光催化剂YF_3：Ho^{3+}@TiO_2不再处于过量的状态，全部都需要参与光催化反应。此时增加底物浓度，虽然光催化反应速率仍然以最大速率进行，但是由于底物总量的增加，表观降解率会有所下降，光催化降解效果变差。除此之外，当底物浓度过高时必然会引起溶液透光率的降低，从而影响光催化剂与光量子之间的作用，使光催化反应速率有所下降[5]，因此会进一步降低光催化活性。还有一种可能就是，当底物浓度增加时，会产生大量的中间产物吸附在光催化剂的表面，占据了光催化剂YF_3：Ho^{3+}@TiO_2的活性部位[6]，从而抑制催化剂的光催化活性。

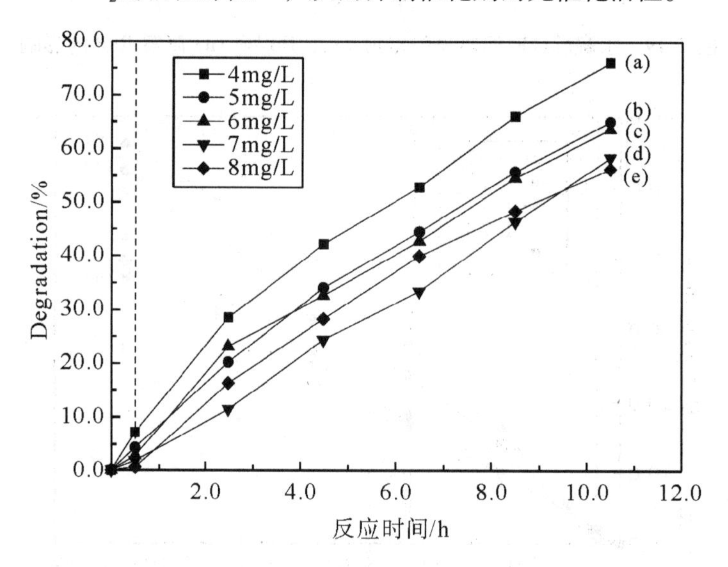

（a）C_0 = 4.0 mg/L；（b）C_0 = 5.0 mg/L；

（c）C_0 = 6.0 mg/L；（d）C_0 = 7.0 mg/L；（e）C_0 = 8.0 mg/L。

图2.21　底物浓度对光催化剂YF_3：Ho^{3+}@TiO_2降解RhB的影响

(5) 光照强度对光催化活性的影响

通过调节光源与体系液面之间的距离，改变溶液液面的光照强度，液面距离与光照强度的对应关系见表 2. 3。图 2. 22 为光照强度对光催化剂 YF_3：Ho^{3+}@TiO_2降解 RhB 的影响。从图 2. 22 中可知，当光照强度增大时，光催化剂 YF_3：Ho^{3+}@TiO_2对 RhB 的降解率呈上升趋势，光照强度从 43 500 lx 增大至 141 500 lx 时，催化剂 10 h 的光催化降解率从 76%提高至 94%。光照强度增强时，光催化剂与光量子之间的作用显著加剧，光催化反应速率随之加快，所以光催化降解效果显著提高。而且，光照强度增强，溶液透光率也随之增强，可以进一步提高光催化降解效果。

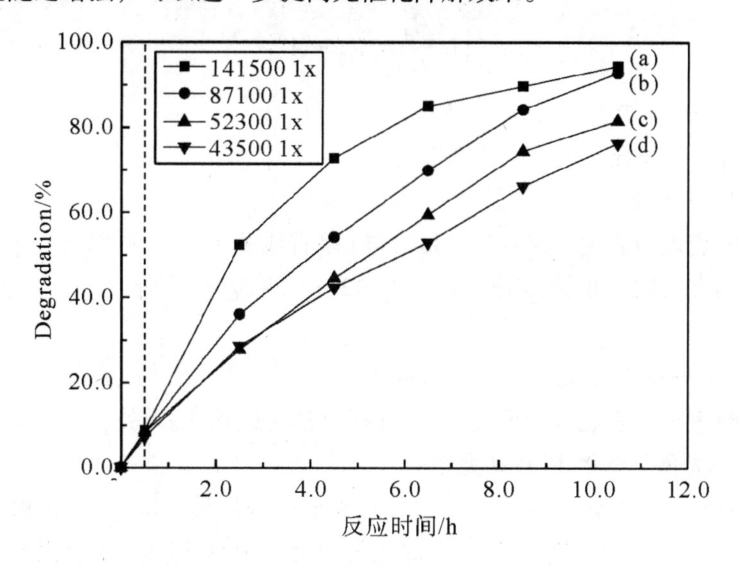

(a) E = 141 500 lx；(b) E = 87 100 lx；
(c) E = 52 300 lx；(d) E = 43 500 lx。

图 2. 22　光照强度对光催化剂 YF_3：Ho^{3+}@TiO_2降解 RhB 的影响

2. 4. 2　降解污染物动力学

(1) 光催化反应动力学

在连续搅拌的情况下采用悬浮态的光催化反应体系，可以发现光催化剂的表面反应物和生成物吸附进行得非常快，在每一瞬间都建立了吸附和解吸的平衡，因此光催化反应的总反应速率只由材料的表面反应决定[5]，反应速率为

$$r = k\theta_A \theta_{OH} \tag{2.2}$$

式中，k ——表面反应速率常数

θ_A ——有机物 A 在光催化剂表面的覆盖度

θ_{OH} ——光催化剂表面·OH 的覆盖度

上式可变成 Langmuir-Hinshelwood 动力学方程

$$\frac{1}{r}=\frac{1}{kK_A}\times\frac{1}{C_A}+\frac{1}{k} \tag{2.3}$$

式中，K_A——光催化剂表面 A 的吸附平衡常数

C_A——有机物 A 的浓度

①从上式可知，当有机物 A 的浓度较低时，式（2.3）可转化得到：

$$\text{In}\frac{C_A}{C_0}=k_1t+A \tag{2.4}$$

式中，C_0——有机物 A 的初始浓度

k_1——表观一级反应速率常数

A——常数

此时表现为表观一级反应，$\text{In}C_A$与 t 呈直线关系。

②当有机物 A 的浓度较大时，式（2.3）可转化得到：

$$C_A=C_0-k_at \tag{2.5}$$

式中，k_a——表观零级反应速率常数

此时表现为表观零级反应，反应速率与反应物浓度无关。

（2）**光催化降解 RhB 动力学**

光催化反应的影响因素主要包括：光催化剂用量（m_{cata}）、底物的初始浓度（C_0）和光照强度（E）。光催化剂用量会影响底物在光催化剂表面的吸附，从而影响光催化降解过程，还会对光生量子数量产生影响；底物的初始浓度影响的是光催化降解的吸附过程；光照强度直接影响的是光催化剂的活性[5]。

不考虑其他因素时，光催化反应的动力学方程（2.5）中系数 k_a 主要受光催化剂用量、底物的初始浓度和光照强度的影响。为了进一步得到 RhB 的光催化降解动力学常数随这三个影响因素的变化情况，假设 k_a 值能从如下方程中求得：

$$k_a=f(m_{cata},\ C_0,\ E)=am_{cata}{}^{b}C_0{}^{c}E^{d} \tag{2.6}$$

式中 a、b、c、d 均为常数，通过求解四个常数可以得到反应动力学常数 k_a。

① 光催化剂用量（m_{cata}）的影响

根据实验数据进行整理，采用（C0－CA）－t 表示降解率变化，见图 2.23。

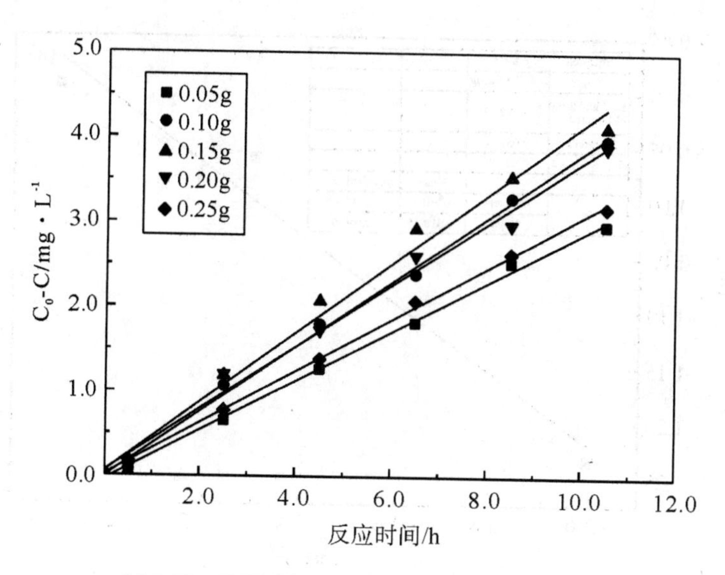

图 2.23　不同光催化剂投加量时 RhB 的降解率

从图 2.23 中可以看出，随着光催化剂投加量的增加，10.5 h 内 RhB 的降解率先增加后减小，呈抛物线关系。当催化剂用量很少时，增大光催化剂的用量能够提高光量子利用效率产生更多光生自由基，因此底物的降解率随着光催化剂用量的增加而提高。但是光催化剂量的增加也会增加废水的浊度，从而引起光散射导致光量子利用效率的下降。经过拟合可以得到如下关系式：

$$k_a=-10.643m^2+3.2156m+0.161\ (R^2=0.9717) \tag{2.7}$$

设 $k_a=k_1m^b$，即 $\mathrm{In}k_a=\mathrm{In}k_1+b\mathrm{In}m$，在 m 为 0.05～0.15 g 的范围内采用 Ink － Inm 作图［见图 2.24（a）］，可以求得 k_1 = 0.766 38，b = 0.318 35（R^2=0.930 77）。在 m 为 0.15～0.25 g 的范围内采用 Ink － Inm 作图［见图 2.24（b）］，可以求得 k_1 = 0.142 73，b = −0.562 54（R^2=0.920 79）。

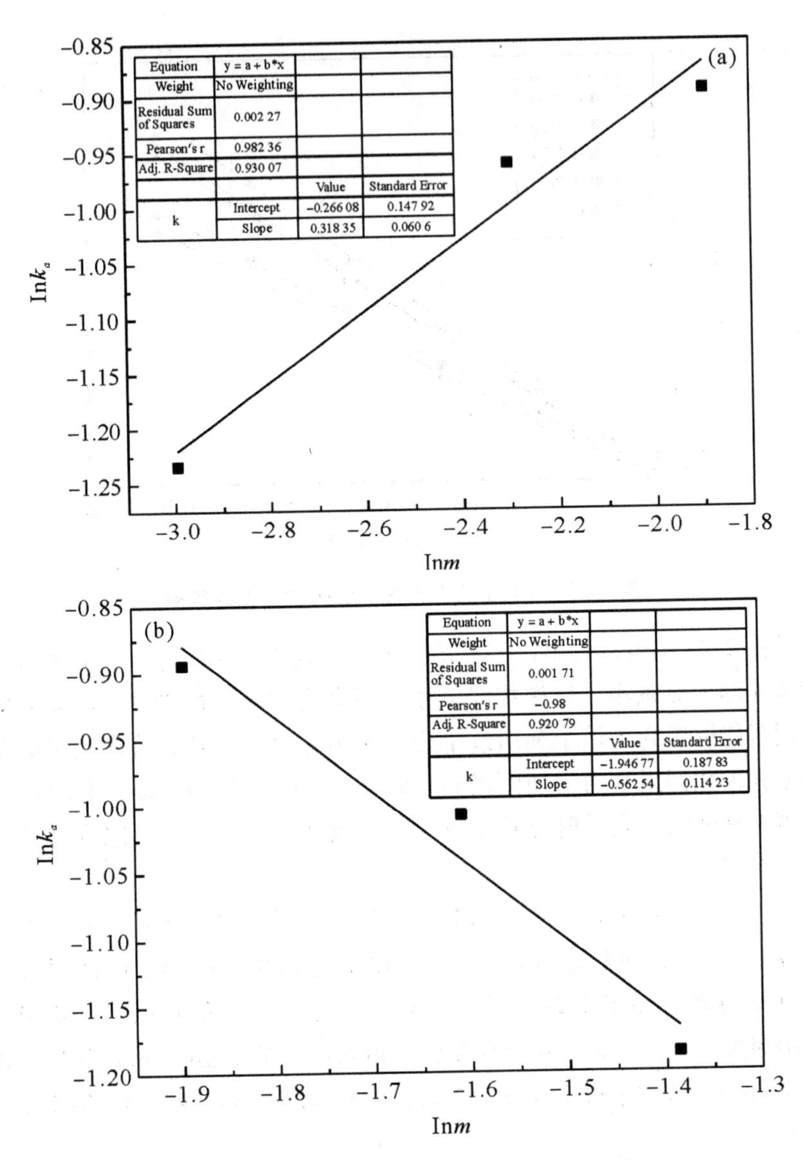

图 2.24 降解速率与初始浓度之间的关系

因此，

$$k_a = 0.766\ 38m^{0.318\ 35}(0.05 \leqslant m \leqslant 0.15) \tag{2.8}$$

$$k_a = 0.142\ 73m^{-0.562\ 54}(0.15 \leqslant m \leqslant 0.25) \tag{2.9}$$

② 底物初始浓度（C_0）的影响

根据实验数据进行整理，采用（C_0-C_A）-t 表示降解率变化，见图 2.25。随着底物浓度的增加，10.5 h 内 RhB 的降解率逐渐降低。增加底物浓度，虽然光催化反应速率可以以最大速率进行，但是由于底物总量的增加，表观降解率会有所下降，光催化降解效果变差。降解速率与底物初始浓度之间的关系见图 2.26，经过拟合可以得到如下的关系式：

$$k_a = 0.0287C_0 + 0.18279 (R^2 = 0.99324) \tag{2.10}$$

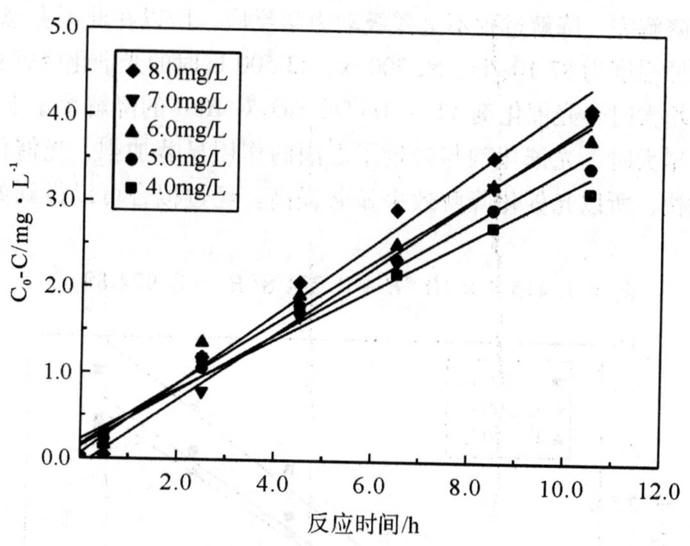

图 2.25 不同底物浓度时 RhB 的降解率

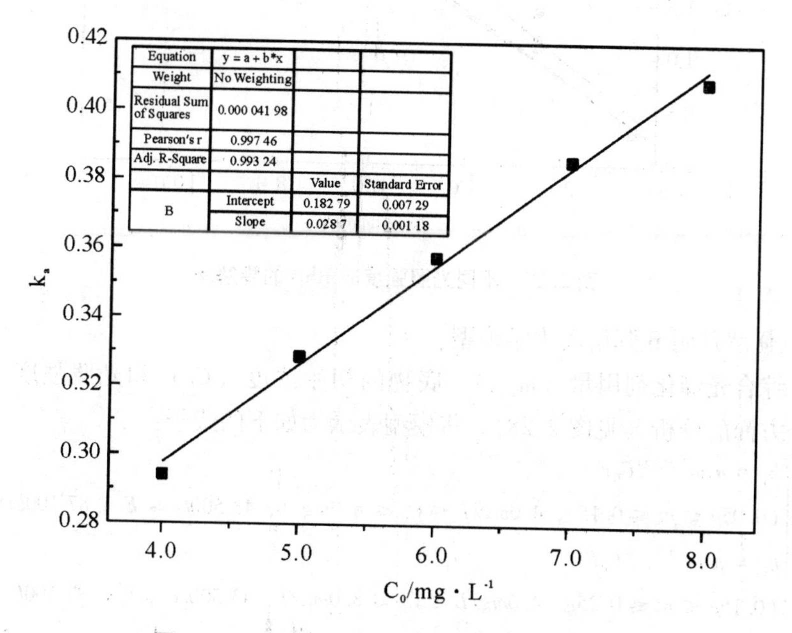

图 2.26 降解速率与底物初始浓度之间的关系

③ 光照强度（E）的影响

根据 4.2.5 的实验数据进行整理，采用（C_0-C_A）-t 表示降解率变化，见图 2.27。由于光照强度为 141 500 lx 时，各影响因素均处于最佳水平，底物逐渐被降解完，降解过程不呈零级动力学反应，所以在此不考虑此水平，仅考虑光照强度为 87 100 lx、52 300 lx、43 500 lx 时的光催化降解实验。当光照强度增大时，光催化剂 YF_3：Ho^{3+}@TiO_2对 RhB 的降解率呈上升趋势。光照强度增大时，光催化剂与光量子之间的作用显著加剧，光催化反应速率随之加快，所以光催化降解效果显著提高。经过拟合可以得到如下的关系式：

$$k_a = 1.4154 \times 10^{-6}E + 0.2318(R^2 = 0.97489) \tag{2.11}$$

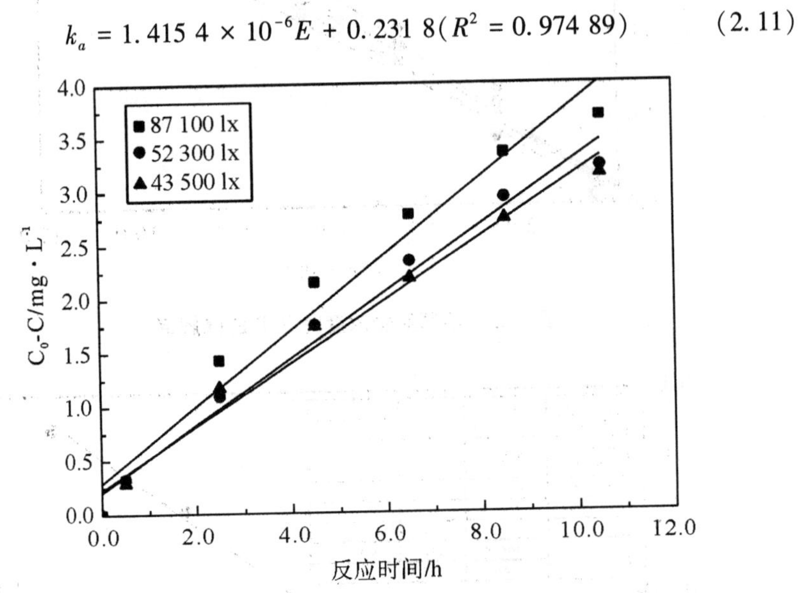

图 2.27　不同光照强度时 RhB 的降解率

④ 罗丹明 B 降解动力学模型

综合光催化剂用量（m_{cata}）、底物的初始浓度（C_0）和光照强度（E）三个方面的分析（见图 2.28），将模型表示为如下的式子：

$$\begin{cases} k_a = a_1 m^{0.31835} C_0 E \\ (0.05g \leqslant m \leqslant 0.15g,\ 4.0mg/L \leqslant C_0 \leqslant 8.0mg/L,\ 43500lx \leqslant E \leqslant 87100lx) \\ k_a = a_2 m^{-0.56254} C_0 E \\ (0.15g \leqslant m \leqslant 0.25g,\ 4.0mg/L \leqslant C_0 \leqslant 8.0mg/L,\ 43500lx \leqslant E \leqslant 87100lx) \end{cases} \tag{2.12}$$

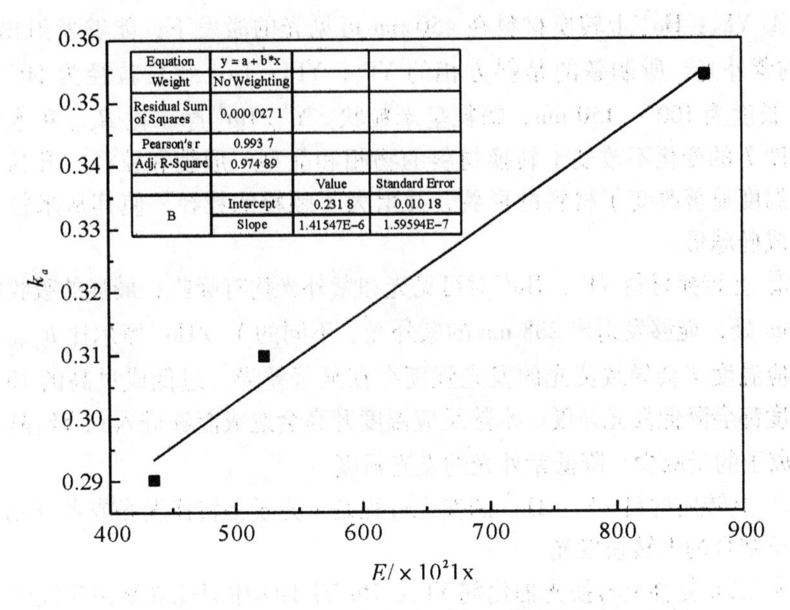

图 2.28　降解速率与光照强度之间的关系

由式（2.8）和（2.12）可求出 $a_1 = 2.199\ 67\times10^{-6}$；由式（2.9）和（2.12）可求出 $a_2 = 4.096\ 7\times10^{-7}$。将系数 a_1 和 a_2 代入式（2.12），由式（2.5）可得光催化剂 YF_3：Ho^{3+}@TiO_2 降解罗丹明 B 的动力学模型为：

$$\begin{cases} C_A = C_0 - 2.199\ 67 \times 10^{-6} m^{0.318\ 35} C_0 E t \\ (0.05g \leqslant m \leqslant 0.15g,\ 4.0mg/L \leqslant C_0 \leqslant 8.0mg/L,\ 43\ 500lx \leqslant E \leqslant 87\ 100lx) \\ C_A = C_0 - 4.967 \times 10^{-7} m^{-0.562\ 54} C_0 E t \\ (0.15g \leqslant m \leqslant 0.25g,\ 4.0mg/L \leqslant C_0 \leqslant 8.0mg/L,\ 43\ 500lx \leqslant E \leqslant 87\ 100lx) \end{cases} \tag{2.13}$$

2.5　小结

本节通过上转换发光技术和 TiO_2 光催化技术的结合，研制稀土离子 Ho^{3+} 单掺的上转换发光材料 YF_3：Ho^{3+}，研究了 YF_3：Ho^{3+} 的结构、形貌和发光性能，并利用其能够吸收可见光发射出紫外光的特性，合成一种上转换发光材料复合 TiO_2 的光催化剂，以实现该二元上转换光催化剂 YF_3：Ho^{3+}@TiO_2 能在可见光下产生很好光催化效果，并对其结构、形貌和光催化性能展开研究，从而为可见光下 TiO_2 高效降解污染物积累一定的经验。主要结论有：

① YF_3：Ho^{3+}上转换材料在450 nm可见光的激发下，能够发射出288 nm的紫外光。所制备的是斜方相的YF_3，YF_3：Ho^{3+}颗粒粒径为50 ~ 80 nm，长度为100 ~ 150 nm，颗粒呈米粒状。Y^{3+}/Ho^{3+}摩尔比$R_{Y/Ho}$和水热反应温度T的变化不改变上转换材料的物相和晶型、形貌和粒径。升高水热反应温度显著改变了材料的形貌，并增大了颗粒的粒径，使其从米粒状逐渐变成椭球形。

② 上转换材料YF_3：Ho^{3+}对可见光和紫外光均有吸收，最强的吸收峰在450 nm处，能够发射出288 nm的紫外光。不同的Y^{3+}/Ho^{3+}摩尔比$R_{Y/Ho}$和水热反应温度T会导致荧光的发光强度存在显著差异，过低或过高的Ho^{3+}离子浓度都会降低发光强度。水热反应温度升高会造成能够进入到YF_3晶体的Ho^{3+}离子的量减少，降低紫外光的发光强度。

③ 上转换材料YF_3：Ho^{3+}的发光过程是三光子上转换发光或者双光子与三光子结合的上转换发光。

④ 二元复合上转换光催化剂YF_3：Ho^{3+}@TiO_2中只能观察到锐钛矿TiO_2的衍射峰而没有斜方相YF_3的衍射峰。TiO_2小颗粒附着在上转换材料上，粒径约为10 nm，整体较为均匀，但团聚现象严重。上转换材料分散性好，呈米粒状或椭球形，颗粒大小为100 nm。荧光发射光谱分析发现YF_3：Ho^{3+}@TiO_2与YF_3：Ho^{3+}具有相同的上转换发光特性，在450 nm的可见光激发下能够获得紫外区域288 nm的发射峰，但其上转换的发光能力有所减弱。

⑤ 钛酸丁酯投加量和水解反应时间存分别为6.0 mL和60 min时制备的光催化剂YF_3：Ho^{3+}@TiO_2光催化活性最高。光催化剂用量为0.15 g、底物浓度为4.0 mg/L、光照强度为141 500 lx时，10.5 h的RhB降解率可达到94%。在光催化剂YF_3：Ho^{3+}@TiO_2的作用，RhB的降解符合Langmuir-Hinshelwood动力学方程。考虑光催化剂用量（m_{cata}）、底物的初始浓度（C_0）和光照强度（E）等影响因素的动力学模型为：

$$\begin{cases} C_A = C_0 - 2.199\,67 \times 10^{-6} m^{0.318\,35} C_0 E t \\ (0.05g \leqslant m \leqslant 0.15g,\ 4.0mg/L \leqslant C_0 \leqslant 8.0mg/L,\ 43\,500lx \leqslant E \leqslant 87\,100lx) \\ C_A = C_0 - 4.967 \times 10^{-7} m^{-0.562\,54} C_0 E t \\ (0.15g \leqslant m \leqslant 0.25g,\ 4.0mg/L \leqslant C_0 \leqslant 8.0mg/L,\ 43\,500lx \leqslant E \leqslant 87\,100lx) \end{cases}$$

参考文献

[1] 高鹏，黄浪欢. TiO_2包覆上转换发光材料Pr^{3+}：Y_2SiO_5的制备及其可见光催化性能的研究[J]. 功能材料，2013，44（8）：1145-1149.

[2] 陈晴空. 基于$SO_4 \cdot^-$的非均相类 Fenton-光催化协同氧化体系研究[D]. 重庆：重庆大学，2015.

[3] YUN-SONG，YUAN，XUAN，et al. Preparation of $BiVO_4$-graphene nanocomposites and their photocatalytic activity [J]. Journal of Nanomaterials，2014 (1)：1-6.

[4] WANG L，QIN W，LAN M，et al. Improved ultraviolet upconversion emissions of Ho^{3+} in hexagonal $NaYF_4$ microcrystals under 980 nm excitation [J]. Journal of Nanoscience and Nanotechnology，2014，14 (5)：3490-3493.

[5] 徐璇. 基于难降解有机污染物特性的光催化-生化废水处理技术[D]. 重庆：重庆大学，2010.

[6] 高鹏. TiO_2包覆上转换发光材料的制备及其可见光催化性能的研究[D]. 广州：暨南大学，2013.

[7] 徐璇. 基于难降解有机污染物特性的光催化-生化废水处理技术[D]. 重庆：重庆大学，2010.

3　三元复合上转换催化材料

3.1　材料的制备与表征

3.1.1　β-$NaYF_4$：Ho^{3+}上转换材料制备

采用水热合成法制备上转换材料β-$NaYF_4$：Ho^{3+}，参考卢景霄课题组前期工作，并优化合成参数。称取0.451 7 g Y_2O_3、0.018 9 g Ho_2O_3、2.016 g NaF和1.169 g EDTA，将Y_2O_3、Ho_2O_3分别完全溶解于20 mL和5 mL稀硝酸溶液（体积比为1∶6）；再分别量取Y（NO_3）$_3$溶液19.8 mL和Ho（NO_3）$_3$溶液2 mL混合并搅拌均匀，加入模板剂EDTA，再搅拌30 min，添加NaF至混合液中并持续剧烈搅拌1 h；用$NH_3 \cdot H_2O$把反应液调至pH=9.0，然后将混合液移至100 mL反应釜内，在200 ℃恒温干燥箱中反应24 h；自然冷却后，离心分离，并用超纯水和无水乙醇交替清洗3次，去除样品中杂质；而后，将样品置于80 ℃烘箱中放置8 h烘干，即可制备出β-$NaYF_4$：Ho^{3+}上转换材料。

3.1.2　核壳微晶β-$NaYF_4$：Ho^{3+}@TiO_2上转换催化剂的制备

利用溶胶凝胶法制备β-$NaYF_4$：Ho^{3+}@TiO_2核壳微晶光催化剂。前驱体A：将0.2 g上转换β-$NaYF_4$：Ho^{3+}于200 mL的C_2H_5OH中超声分散15 min；再加入2.7 mL的TBOT溶液剧烈搅拌30 min混合均匀。前驱体B：3.0 mL的H_2O和20.0 mL C_2H_5OH均匀分散。在搅拌的情况下，以1 mL/min的滴加速度把前驱体B加入前驱体A中，滴加完毕后持续搅拌12 h；再置于 70 ℃烘箱中烘干。将烘干后的样品移至坩埚中置于马弗炉中，控制 2 ℃/min的升温速率，在 450 ℃下煅烧 2 h。自然冷却后即制备出核壳结构的 β-$NaYF_4$：Ho^{3+}@TiO_2光催化剂。

3.1.3 β-$NaYF_4$：Ho^{3+}@TiO_2-rGO 三元复合上转换催化剂的制备

利用紫外光-辅助光催化还原法制备 β-$NaYF_4$：Ho^{3+}@TiO_2-rGO 三元光催化剂。首先把 2.5 mL 的氧化石墨烯水溶液（2 mg/mL）加入 100 mL 的无水 C_2H_5OH 超声分散 1 h；其后将 0.1 g β-$NaYF_4$：Ho^{3+}@TiO_2加入上述混合液剧烈搅拌 1h；然后将混合液在氮气曝气环境下氙灯光照处理 4 h，在光照时需用实验室自制冷却系统用于保持反应在室温条件下进行，避免高温引起 C_2H_5OH 的挥发；离心分离，用超纯水洗涤两次，并将样品放入冷冻干燥机内真空-60 ℃条件下放置 24 h 后制备出 β-NaYF4：Ho^{3+}@TiO_2-rGO 三元光催化剂。

3.1.4 性能表征

（1）X 射线衍射表征（XRD）

本研究用 X 射线衍射仪对制备的样品进行晶体结构测试；以 Cu Kα 为射线源（λ=1.540 5 Å），功率为 3 kw，扫描范围为 10° ~ 70°。

（2）扫描电子显微镜表征（SEM）

上转换材料和光催化剂的形貌和粒径大小用场发射扫描电镜进行分析，放大倍数为 30 ~ 300 k。本研究利用其配套的 X-射线能量散射光谱（EDS）进行元素种类进行定性和半定量分析。在测试前用离子溅射仪对试样表面进行喷金处理。

（3）场发射透射电镜表征（TEM）

本研究采用透射电镜表征核壳结构复合光催化剂的形貌，透射电镜的最大放大倍数约为 100 万倍，自带相机。本研究利用其配套的 X-射线能量散射光谱（EDX）进行线扫描，确定核壳结构光催化剂表面元素成分的变化趋势。

（4）紫外-可见漫反射光谱表征（UV-Vis/DRS）

本研究利用紫外可见分光光度计对光催化剂的光吸收和降解实验进行测试。以 $BaSO_4$作为参比，扫描波长范围为 190 ~ 1 100 nm，波长移动为4 500 nm/min。

(5) X-射线光电子能谱表征（XPS）

本研究利用X-射线光电子能谱仪对光催化剂组成结构与表面化学价态分析。仪器以 Al Kα 为 X 射线源，步长为 0.05 eV。

(6) 光致发光光谱表征（PL）

本研究利用荧光光谱仪和拉曼光谱仪对荧光发射光谱分析。荧光光谱仪以 450 W 的氙灯为光源，拉曼光谱仪采用 532 nm、633 nm 波长激光器作为激发波长。

(7) 拉曼光谱表征（Raman）

本研究使用的表征仪器为拉曼光谱仪，其激发光源为 488nm 的氩离子激光器。

(8) 傅立叶红外光谱表征（FT-IR）

本研究利用傅立叶红外光谱仪对三元复合催化剂中还原氧化石墨烯的基团与晶体结构分析。扫描次数 26 次，扫描范围为 400~4 000 cm^{-1}。

(9) 自由基分析（ESR）

本研究利用电子顺磁共振谱仪对光催化反应体系的自由基分析；在测试过程中采用高压汞灯耦合截止滤波片（420 nm）作为光源，在测试过程中添加 DMPO 作为 ·OH 和 · O_2^-的捕获剂。

(10) 全自动快速比表面积与孔隙度表征（BET）

比表面积是利用全自动快速比表面积与孔隙度分析仪检测样品在氮气下的吸附-脱附曲线，所有样品在测量之前于 150 ℃进行脱气。

(11) 光电化学性质分析

本研究采用电化学工作站对制备样品进行光电化学性能表征；在实验中用 300 W 的氙灯耦合 420 nm 截止滤光片作为光源。检测过程在室温常压下进行。

3.1.5 光催化活性评价

(1) 底物的选择

为了实现在可见光照射下利用 $NaYF_4$：Ho^{3+}@TiO_2-rGO 三元复合光催化剂对水体中有机污染物进行高效的降解，选用工业中常见有机染料罗丹明 B（RhB）作为底物，考察光催化剂处理有机污染物的效果。

为了更好地确定光催化剂对 RhB 的降解效果，在实验前需确定 RhB 溶液的标准曲线。首先称取一定量 RhB 粉末，配置成 1.0 g/L 的 RhB 母液，将母液分别稀释配置成浓度为 1.0、2.0、4.0、6.0、8.0 和 10.0 mg/L，对其进行光谱扫描，结果如图 3.1（a）所示，选取最大吸收峰 552 nm 处的吸光度值，以 RhB 浓度-吸光度（A）绘制标准曲线，如图 3.1（b）所示。

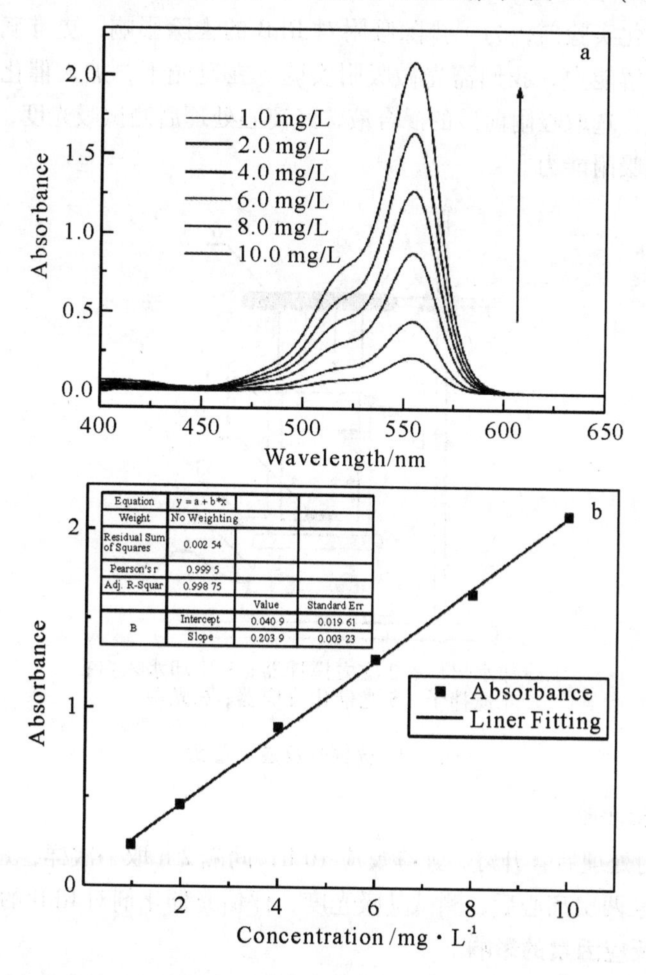

图 3.1 （a）罗丹明 B 溶液紫外可见吸收光谱图；（b）罗丹明 B 溶液标准工作曲线

以降解率（脱色率，η）评估光催化剂的效果，公式见式（3.1）：

$$\eta = \frac{C_0 - C_t}{C_0} \tag{3.1}$$

其中：C_0——RhB 初始浓度（mg/L）

C_t—— t 时刻 RhB 的浓度（mg/L）

（2）光催化活性评价

① 实验装置

光催化降解装置为课题组自主搭建，其示意图如图 3.2 所示。降解实验前把特定浓度的目标污染物 RhB 置于烧杯中，后置于 500 W 长弧氙灯（耦合 420 nm 截止滤光片）光源下反应，水循环系统可降低体系反应温度。

② 吸附实验

在光催化实验前，为了排除吸附对 RhB 的去除影响，更准确地测试光催化剂的降解能力，我们需先做吸附实验。在避光下，加入催化剂后连续搅拌 30 min，选取吸附前后的混合液，经离心处理后测试吸光度，由此确定光催化剂的吸附能力。

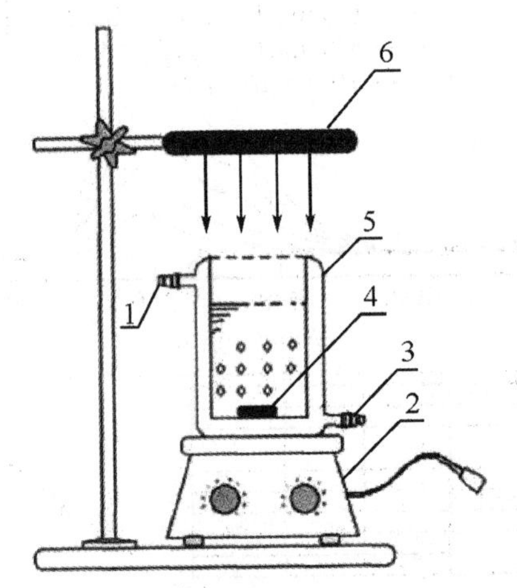

1.冷却水出口；2.磁力搅拌器；3.冷却水入口；
4.搅拌子；5.光催化反应器；6.光源。

图 3.2　光催化反应装置图

③ 降解实验

经吸附处理后，开灯，连续反应 10 h，间隔 2 h 取一次样，每次取 10.0 mL。样品经两次离心后，测试其吸光度，评估光催化剂对 RhB 的降解效果。

(3) 反应因素的影响

在光催化降解过程中，外界因素会影响光催化剂对 RhB 的脱色效果。因此，本研究考察了催化剂投加量 m_{cata}、底物初始浓度 C_0和光照强度 E 对光催化活性的影响。

光催化剂投加量 m_{cata}：改变光催化剂投加量（0.05 g、0.075 g、0.10 g、0.15 g、0.20 g、0.25 g 和 0.30 g），测试不同催化剂投加量下对 RhB 的脱色率，确定最佳的催化剂投加量。

底物初始浓度 C_0：改变 RhB 溶液初始浓度 C_0（4.0 mg/L、5.0 mg/L、6.0 mg/L、7.0 mg/L、8.0 mg/L 和 9.0 mg/L），在最佳催化剂投加量下，确定最适宜的底物初始浓度。

光照强度 E：光强通过控制反应液面的距离 d（18 cm、22 cm、26 cm 和 30 cm）来衡算，液面距离与光照强度的对应关系见表 3.1。在最佳的底物初始浓度和光催化剂投加量的条件下，研究光强对光催化活性的影响。

表 3.1 液面距离与光照强度的对应关系

液面距离 d/cm	光照强度 $E/\times10^2$lx
18	1 006
22	705
26	525
30	407

3.2 核壳结构 β-$NaYF_4$：Ho^{3+}@TiO_2的性能

3.2.1 理化特征

（1）晶体结构表征分析（XRD）

图 3.3 是上转换 β-$NaYF_4$：Ho^{3+}微晶和复合光催化剂 β-$NaYF_4$：Ho^{3+}@TiO_2核壳微晶的 XRD 图谱。通过 Jade 6.5 软件与标准卡片比对的结果表明：水热合成法制备的上转换材料为单纯的六方相的 $NaYF_4$：Ho^{3+}微晶，样品所有的衍射峰均能与 β-$NaYF_4$的标准卡（JCPDS no. 16-0334）一一对应，并没有杂质衍射峰。另外，衍射峰尖锐，说明通过水热法制备出了高纯度、结晶度较好的上转换材料 β-$NaYF_4$：Ho^{3+}，而上转换材料较高的结晶度对复合光催化剂的催化降解效率也至关重要。通过比对标准卡片发现 β-$NaYF_4$：Ho^{3+}@TiO_2复合材料除了具备 β-$NaYF_4$的所有衍射峰以外，在 $2\theta = 25.4°$出现了 TiO_2的特征衍射峰，与锐钛矿标准卡（JCPDS no. 21-1272）完美契合。这说明溶胶凝胶法所得到的是锐钛矿的 TiO_2，相对于金红石型具有更好的光催化效果，有利于提高复合材料的光催化活性。同时，还发现通过该方法制备复合材料不会改变 β-$NaYF_4$的晶型，复合材料中 β-$NaYF_4$衍射峰的位置和强度均未发生明显的改变，故该方法具有较好的稳定性和重现性。

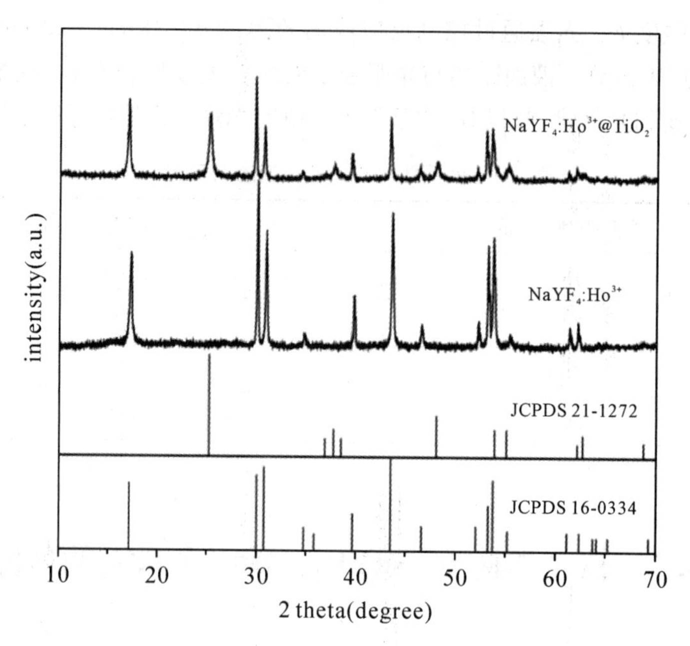

图 3.3　水热法制备的上转换材料 β-$NaYF_4$：Ho^{3+}和光催化剂 β-$NaYF_4$：Ho^{3+}@ TiO_2的 XRD 图谱

另外，有趣的是图 3.3 中上转换材料和复合材料都未观察到 Ho^{3+}离子的衍射峰，推测要么 Ho 没有成功掺杂入内，要么以其他形式存在。由后面的 XPS 表征结果可知，Ho^{3+}成功掺入体系中，并存在于 $NaYF_4$晶格中。原因是 Ho 是以 Ho^{3+}的价态存在于体系中，并没有形成晶体，故检测不到衍射峰。

（2）表面形貌表征分析（SEM、TEM、HRTEM）

图 3.4 显示的是上转换 β-$NaYF_4$：Ho^{3+}微晶和 β-$NaYF_4$：Ho^{3+}@ TiO_2核壳复合材料的 SEM、TEM 和 HRTEM 的表征结果。从图 3.4（a）中可知：所制备的上转换 β-$NaYF_4$：Ho^{3+}微晶大小均匀、形状规则和表面干净光滑，结果表明水热合成法可以大规模制备该上转换材料。进一步放大 β-$NaYF_4$：Ho^{3+}微晶发现［见图 3.4（b-c）］，单个微晶的长度大约 9.0 um，直径大约 4.0 um。已有研究表明：上转换发光效率与基质材料的大小相关，基质材料越大，发光效率越高，而且表征结果均显示水热法制备的上转换材料为六方相 β-$NaYF_4$微晶，是目前公认为最好的基质材料[1]，故本实验制备的上转换基质材料 β-$NaYF_4$：Ho^{3+}微晶无论在尺寸上还是晶形上都具有优势，而上转换材料高效的发光效率是 β-$NaYF_4$：Ho^{3+}@ TiO_2获取高催化活性的前提。图 3.4（d-f）结果表明，复合 TiO_2后，β-$NaYF_4$：Ho^{3+}微晶表面

明显变粗糙，表面均匀的包裹一层 TiO_2壳，结果表明通过溶胶凝胶法成功的制备出 β-$NaYF_4$：Ho^{3+}@TiO_2核壳结构微晶。

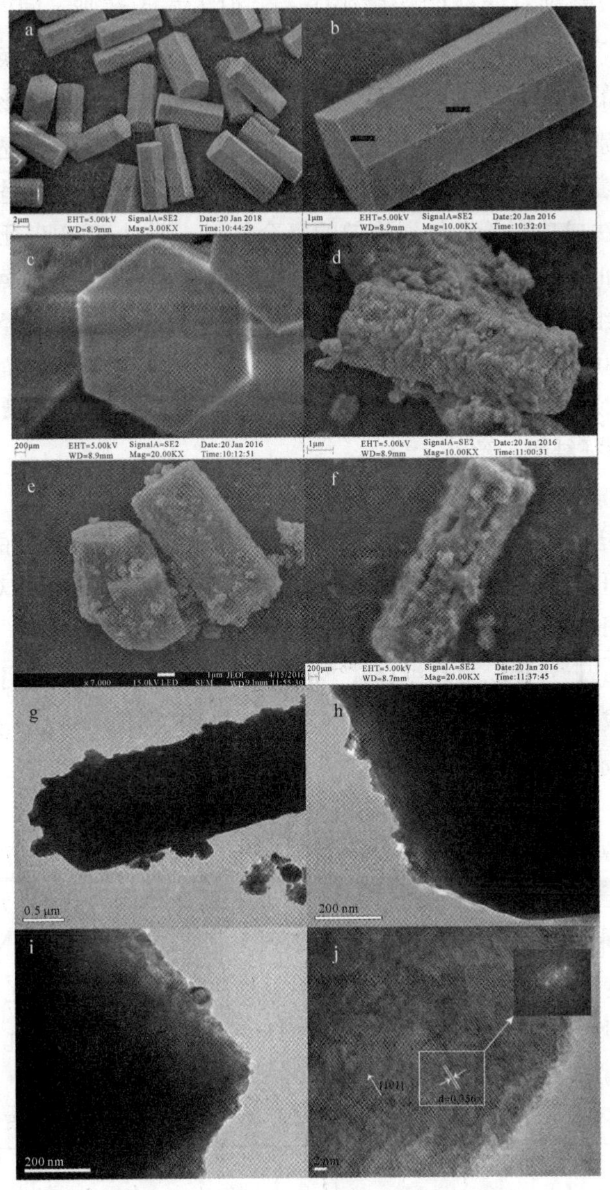

图 3.4　(a-c) β-$NaYF_4$：Ho^{3+}和
(d-f) β-$NaYF_4$：Ho^{3+}@TiO_2微晶 SEM 图;
(g-i) β-$NaYF_4$：Ho^{3+}@TiO_2微晶 TEM 图;
(j) β-$NaYF_4$：Ho^{3+}@TiO_2微晶 HRTEM 图

为了进一步确定复合光催化剂 β-$NaYF_4$：Ho^{3+}@TiO_2核壳结构以及表面TiO_2壳的厚度，我们对 β-$NaYF_4$：Ho^{3+}@TiO_2进行了 TEM 表征［见图 3.4（g）］，可以看到有薄薄的一层 TiO_2壳，但不是太清晰，同时观察到 β-$NaYF_4$：Ho^{3+}表面有些凸出的块状，这部分块状和游离在上转换微晶外的暗斑均为团聚的 TiO_2。进一步放大［见图 3.4（h-i）］发现，核与壳的颜色有较大的区别。上转换 β-$NaYF_4$：Ho^{3+}核因厚度较大，光无法透过而呈现暗黑色，而包裹在表面的 TiO_2外壳因厚度较小，光容易透过而呈现浅色。结果表明该方法成功制备出包裹均匀的复合材料，通过 TEM 表征可以大致判断出 TiO_2壳的厚度约为 50 nm。图 3.4（j）是 β-$NaYF_4$：Ho^{3+}@TiO_2复合材料表面 TiO_2纳米小颗粒的高分辨透射电镜（HRTEM）照片。经测量计算出晶面间距为 0.356 nm，这个数值与锐钛矿型 TiO_2的｛101｝晶面间距完全吻合，说明溶胶凝胶法制备核壳结构的复合材料得到的 TiO_2锐钛矿型，该结果与 XRD 表征结果一致。

（3）元素组成表征分析（SEM-EDS、STEM-EDS）

为了确定上转换材料以及 β-$NaYF_4$：Ho^{3+}@TiO_2复合材料的元素组成，进一步确认 Ho 元素成功掺杂，本研究采用了 SEM-EDS 分析，对图 3.5（a）β-$NaYF_4$：Ho^{3+}上转换材料进行元素分析，结果见图 3.5（b）；EDS 能谱结果表明 β-$NaYF_4$：Ho^{3+}微晶中存在 Na、Y、F 和 Ho 元素，说明上转换材料中 Ho 元素成功掺杂至 $NaYF_4$晶格中。对 β-$NaYF_4$：Ho^{3+}@TiO_2进行 EDS 面扫描结果显示［见图 3.5（d-i）］：该复合微晶中存在 F、Na、O、Y、Ti 和 Ho 元素，这些元素均匀分布在整个单一的六方相复合微晶，进一步证实了 TiO_2作为外壳成功复合至上转换材料表面。但是，EDS 分析只能表征出制备样品中含有 Ho 元素，并不能表征 Ho 的存在状态，我们仍需寻求其他的表征手段来确定其存在状态。表 3.2 列出了 EDS 表征下 β-$NaYF_4$：Ho^{3+}和 β-$NaYF_4$：Ho^{3+}@TiO_2中各元素所占重量比值。从 EDS 表征结果可以看出，不管是上转换材料还是复合材料中 Ho 元素存在的比例均比较低，这也从侧面证实了 XRD 表征结果中没有 Ho 的特征峰的原因。

表 3.2 β-$NaYF_4$：Ho^{3+}和 β-$NaYF_4$：Ho^{3+}@TiO_2材料的各元素所占重量比

Element	Na	Y	F	Ho	Ti	O
测量值/wt%	6.99	42.04	49.23	1.80	—	—
测量值/wt%	1.51	10.62	11.69	0.30	64.25	11.62

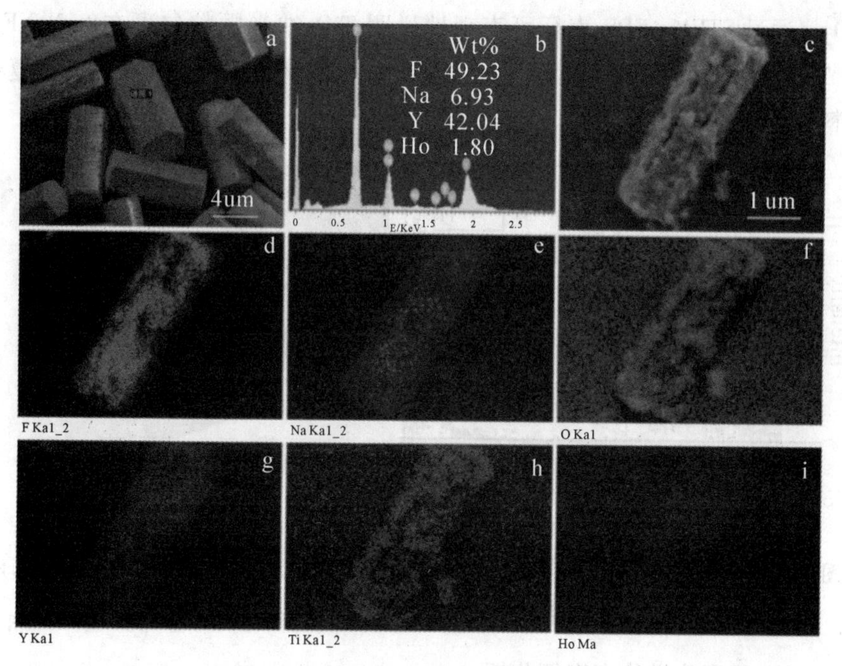

图 3.5 （a）β-$NaYF_4$：Ho^{3+}微晶 SEM 图；（b）β-$NaYF_4$：Ho^{3+} EDS 能谱；（c）β-$NaYF_4$：Ho^{3+}@TiO_2微晶 SEM 图；（d-i）F、Na、O、Y、Ti 和 Ho 元素分布

STEM-EDX 线扫描表征用来进一步确定β-$NaYF_4$：Ho^{3+}@TiO_2核壳结构复合微晶的元素组成，特别是核壳结构表面元素的变化趋势。图 3.6（a）记录了 Y 和 Ti 元素的变化趋势，对应于图 3.6（b）白线。从 Y 元素（呈现复合材料中上转换材料）和 Ti 元素（呈现复合材料中 TiO_2）的变化趋势可发现，在β-$NaYF_4$：Ho^{3+}@TiO_2复合微晶不同位置，上转换材料和 TiO_2的含量有所不同，能更好地反映复合物表面的微观变化情况。从图 3.6（b）中发现，A 点处距离上转换β-$NaYF_4$：Ho^{3+}核较远，该处主要为团聚的 TiO_2。而此结果与图 3.6（a）中表征显示结果一致，其 Y/Ti 的原子比为 3∶39，说明该处以 TiO_2为主；同时 B 点处于β-$NaYF_4$：Ho^{3+}@TiO_2复合材料的核与壳交汇处，此处的元素变化较为急剧，显然，随着 B 点向 C 点的移动，上转换材料开始占主导地位，元素分析含量也以 Y 为主。在 B 点，其 Y/Ti 的原子比为 7∶23，相对于 A 点，Y 含量增加，而 Ti 减少，说明指出为上转换材料和 TiO_2的分界处；而 C 点 Y 和 Ti 元素的含量趋于平衡，其 Y/Ti 的原子比为 18∶1，其主要成分为上转换材料；D 点也为上转换材料和 TiO_2的分界处，该处 Y/Ti 原子比为 6∶1，随着 D 点以后，Y 元素急剧下降并趋于平衡，恰好相反，Ti 元素急剧上升并慢慢平衡，说明该处也主要为团聚的

TiO_2。通过 STEM-EDS 表征可直观地说明 TiO_2 纳米颗粒包裹在β-$NaYF_4$：Ho^{3+} 微晶表面，进一步证实了上转换材料和光催化剂 TiO_2 形成核壳结构复合材料。

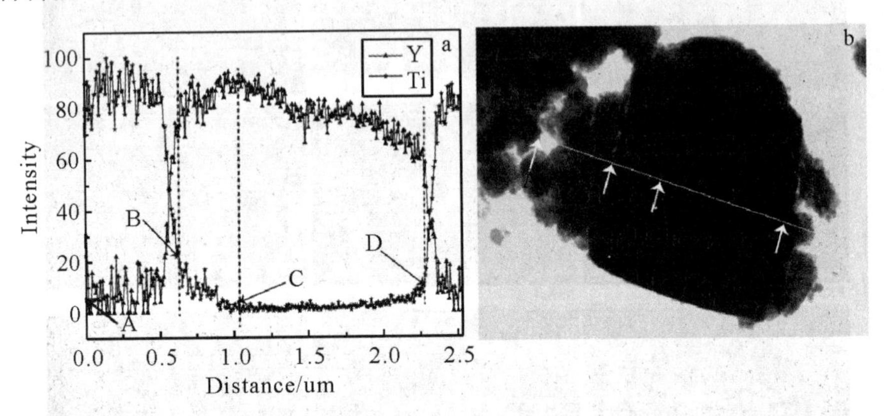

图 3.6 (a) β-$NaYF_4$：Ho^{3+}@ TiO_2 复合材料 STEM-EDX 线扫描 Y 和 Ti 元素变化；(b) TEM 图 (a) 与 (b) 中字母对应处位置一致

(4) 元素化学价态表征分析

采用 XPS 表征 β-$NaYF_4$：Ho^{3+}@ TiO_2 复合材料表面元素的化学价态。图 3.7 (a) 的 XPS 全谱图结果说明该样品中含有 Ti、O、Na、Y、F 和 Ho 元素。C1s 峰 (284.1 eV) 作为谱图的内部参考。图 3.7 (b) 显示复合材料中 Ti2p 由两个峰组成，其结合能分别为 458.3 eV 和 464.1 eV，分别对应于 Ti 的 $2p_{3/2}$ 和 Ti 的 $2p_{1/2}$，与文献报道的 TiO_2 的 XPS 图谱相一致[2]。图 3.7 (c) (O1s 图) 表明复合材料存在一种以上的氧。两个峰值的结合能分别为 529.6 eV 和 532.3 eV，分别对应于 Ti-O-Ti 和 H-O 的特征峰。图 3.7 (d) 中 Y^{3+} 离子在结合能为 161.2 eV 和 159.2 eV 时出现峰值，表明存在 Y^{3+} $3d_{3/2}$ 和 Y^{3+} $3d_{5/2}$ 两种价态。元素 F 在 684.3 eV 有一个特征峰，内层能级 F1s [见图 3.7 (e)]，除 $NaYF_4$ 微晶的元素，掺杂元素也可以检测。在结合能为 159.6 eV 和 161.2 eV [见图 3.7 (f)] 时为 Ho^{3+} 的特征峰，XPS 表征结果显示，制备的样品 Ho 元素是以 Ho^{3+} 的状态存在，并成功掺杂至 β-$NaYF_4$ 基质材料的晶格中。该结构符合上转换发光的原理，稀土 Ho^{3+} 存在于基质材料β-$NaYF_4$ 晶格中，受外界能量激发，产生电子跃迁，从而实现上转换发光。

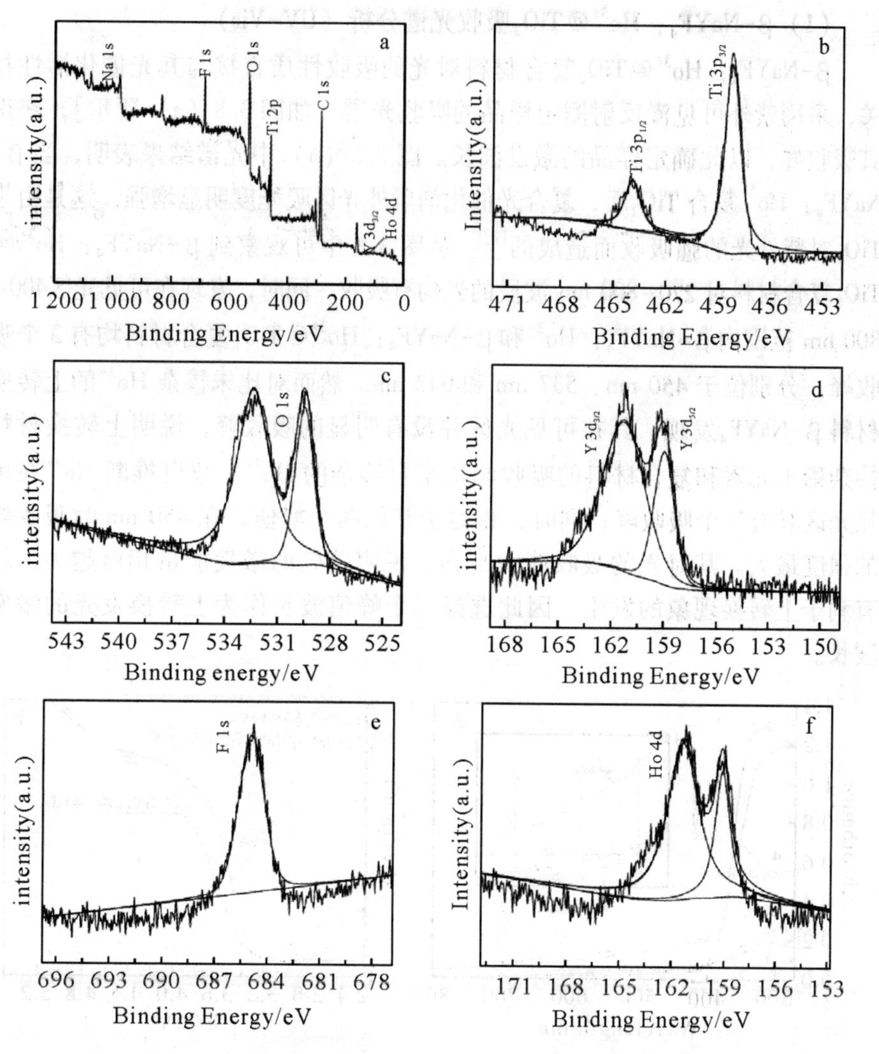

图 3.7 β-$NaYF_4$：Ho^{3+}@TiO_2微晶的 XPS 图

3.2.2 光学性质

氟化物具有声子能量低、上转换发生无辐射弛豫的几率低、发光效率高的特点，是目前最常见的基质材料。锐钛矿 TiO_2需要吸收波长小于 387 nm 紫外光才能被激发。在 β-$NaYF_4$：Ho^{3+}@TiO_2复合光催化剂中，确定复合光催化剂可在激发下产生高能紫外光激发 TiO_2发生催化反应具有重大理论意义。

(1) β-$NaYF_4$：Ho^{3+}@TiO_2吸收光谱分析（UV-Vis）

β-$NaYF_4$：Ho^{3+}@TiO_2复合材料对光的吸收性质直接与其光催化活性相关，采用紫外可见漫反射测定样品的吸收光谱［如图3.8（a）所示］，获得其吸收峰，以此确定样品的激发波长。图3.8（a）中光谱结果表明，当β-$NaYF_4$：Ho^{3+}复合TiO_2后，复合光催化剂紫外光区吸光度明显增强，这是由于TiO_2对紫外光的强吸收而造成的[3]。从图3.8中可观察到β-$NaYF_4$：Ho^{3+}@TiO_2复合材料对270~800 nm波段的光均有吸收。同时，发现在可见光区400~800 nm范围内β-$NaYF_4$：Ho^{3+}和β-$NaYF_4$：Ho^{3+}@TiO_2复合材料均有3个吸收峰，分别位于450 nm、537 nm和642 nm。然而对比未掺杂Ho^{3+}的上转换材料β-$NaYF_4$发现，其在可见光区并没有明显的吸收峰，说明上转换材料掺杂稀土元素和复合材料的吸收峰均来自掺杂的Ho^{3+}。故可推断Ho^{3+}在可见光区具有三个吸收峰；同时，相对于其他两个峰值，在450 nm时吸收峰的强度最大。其对光的吸收能力越强，说明该处的激发能量相对越大，越有利于上转换现象的发生，因此选择三个峰值波长作为上转换发光的激发波长。

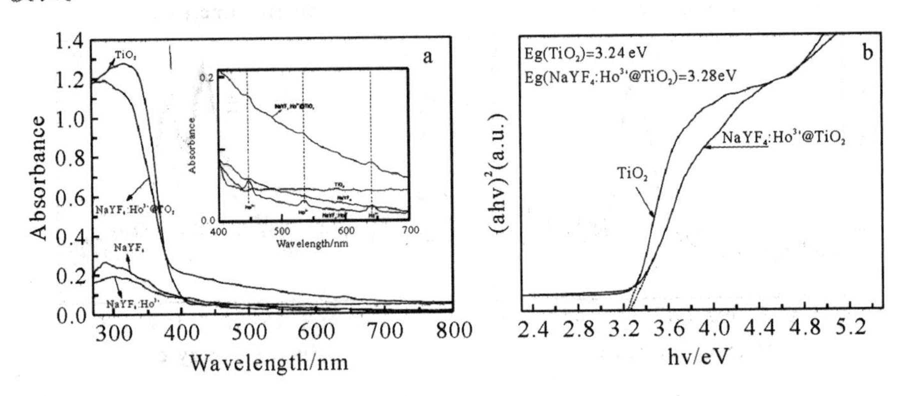

图3.8　(a) β-$NaYF_4$：Ho^{3+}、TiO_2、$NaYF_4$和β-$NaYF_4$：Ho^{3+}@TiO_2紫外-可见漫反射光谱图；(b) 带隙能量（Eg）图

图3.8（b）对TiO_2和β-$NaYF_4$：Ho^{3+}@TiO_2复合材料进行带隙分析，结果显示纯的TiO_2禁带宽度为3.24 eV（382.72 nm），β-$NaYF_4$：Ho^{3+}@TiO_2复合材料禁带宽度为3.28 eV（378.05 nm）。说明上转换β-$NaYF_4$：Ho^{3+}微晶的引入对TiO_2光催化剂的禁带宽度影响较小。

(2) β-NaYF4：Ho^{3+}@TiO_2发光性质分析（PL）

图3.9是β-$NaYF_4$：Ho^{3+}和β-$NaYF_4$：Ho^{3+}@TiO_2复合材料在Fluorolog-3（氙灯为光源，450 nm）和拉曼光谱仪（耦合532 nm和633 nm激光器）激发

下的上转换荧光图。图 3.9 的结果表明，在可见光激发下，β-$NaYF_4$：Ho^{3+}发射光谱包含紫外光和可见光。其发射峰的位置均与Ho^{3+}离子特征发射峰，与Ho^{3+}离子的能级图相匹配。图 3.9（a）的结果显示，在 450 nm 可见光激发下，在紫外区 290 nm 处有个发射峰，其对应Ho^{3+}离子的$^5D_4 \rightarrow {}^5I_8$辐射跃迁。图 3.9（b）的结果显示，在 532 nm 可见光激发下，在可见光区和紫外光区均有一个发射峰，且以可见峰为主，其波长分别为 420 nm 和 389 nm，其分别对应Ho^{3+}离子的$^5G_5 \rightarrow {}^5I_8$和$^3K_7/{}^5G_4 \rightarrow {}^5I_8$辐射跃迁。图 3.9（c）结果显示在 633 nm 可见光激发下，发射峰均在可见区域，发射峰波长分别为 420、456、473 和 487 nm，其分别对应于Ho^{3+}离子的$^5G_5 \rightarrow {}^5I_8$、$^5G_6 \rightarrow {}^5I_8$、$^5F_2/{}^3K_8 \rightarrow {}^5I_8$和$^5F_3 \rightarrow {}^5I_8$辐射跃迁。通过表征结果可知，通过水热法制备的上转换材料 β-$NaYF_4$：Ho^{3+}可在可见光激发下，发生上转换现象，并发射出高能量的紫外光（290 nm），而此高能紫外光可被 TiO_2光催化剂吸收并激发发生光催化反应，PL 表征结果表明，先前构思利用可见光实现 TiO_2的高效光催化思路是可行的。

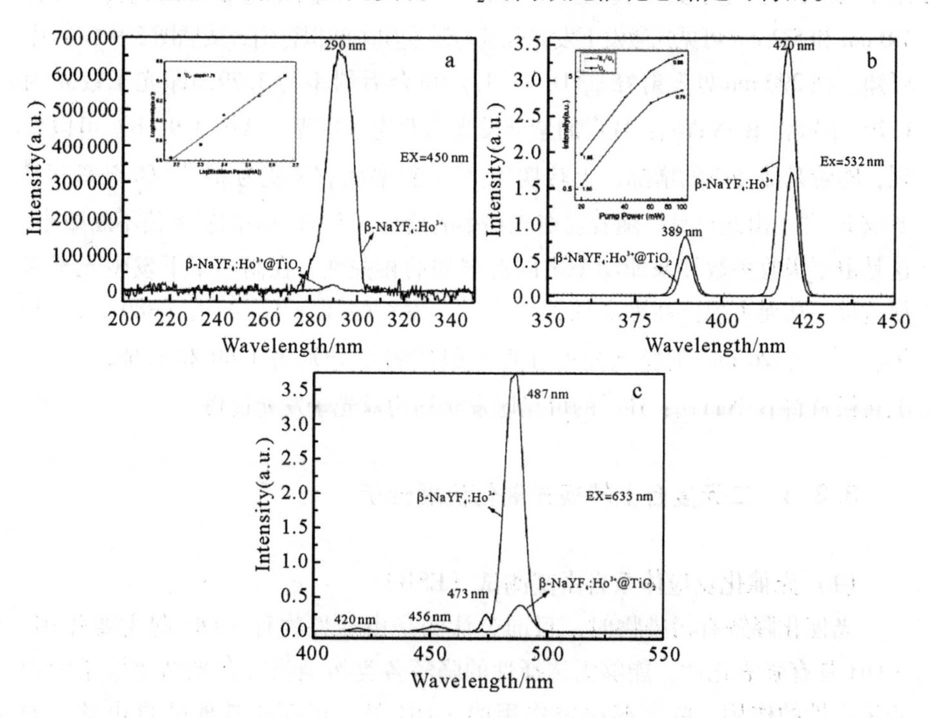

（a）450 nm；（b）532 nm；（c）633 nm。

图 3.9　β-$NaYF_4$：Ho^{3+}和 β-$NaYF_4$：Ho^{3+}@TiO_2上转换发射光谱

（插图为 β-$NaYF_4$：Ho^{3+}荧光强度与激发功率的双对数关系图）

图 3.9 的结果还表明，上转换材料 β-$NaYF_4$：Ho^{3+}掺杂 TiO_2后，其复合

材料的发射峰波长位置没有改变，说明其复合 TiO_2 后对上转换发光性质并未明显影响。同时，在 450 nm 激发下，β-$NaYF_4$：Ho^{3+}@TiO_2 复合材料在 290 nm 时发光强度很弱，发射峰几乎消失。但在可见光区域，β-$NaYF_4$：Ho^{3+}@TiO_2 复合材料发射峰强度降低幅度明显低于紫外光，说明紫外光被 TiO_2 吸收利用发生了光催化反应。然而，从图 3.9（b-c）可以发现，在可见光区域，β-$NaYF_4$：Ho^{3+}@TiO_2 复合材料发光强度也有所降低。发生这种现象的原因有：一是光在透过 TiO_2 壳的过程中由于光的反射、折射以及散射的影响，发生了光损耗；二是 TiO_2 壳对光的透过有影响，光穿过壳能量会被消耗；三是 β-$NaYF_4$：Ho^{3+} 核与 TiO_2 壳之间存在荧光共振能量传递（florescence resonance energy transfer）过程。另外稀土离子在高声子频率会发生荧光淬灭现象。

研究表明发光强度与激发光功率成 $I \propto P^n$（I：UC 发光强度，P：光源的激发功率，n：光子数）关系[4]。图 3.9（a-b）的插图是 β-$NaYF_4$：Ho^{3+} 在 450 nm 和 532 nm 可见光激发下发光强度与激发功率的拟合图。从插图 3.9（a）中可知，在 290 nm 处发射峰（$^5D_4 \rightarrow {}^5I_8$）拟合后斜率为 1.79，即光子数 n 为 1.79。因此，β-$NaYF_4$：Ho^{3+} 的紫外发光为双光子过程。从图 3.9（b）可以发现，随着泵浦功率的增加，上转换 $^3K_7/^5G_4$ 斜率从 $p^{1.60}$ 变为 $p^{0.70}$，$^5G_5$ 斜率 $p^{1.68}$ 变成 $P^{0.88}$。由此可见，随着发射光功率的增加，泵浦功率的斜率值不断减小，这是由于吸收系数和泵浦功率之间有很强的相关性，在高功率下发生光子雪崩过程，从而表现出高度非线性响应[5]。发射峰 $^3K_7/^5G_4 \rightarrow {}^5I_8$（389 nm）和 $^5G_5 \rightarrow {}^5I_8$（420 nm）的发光强度计算所得的斜率分别为 1.60 和 1.68，因此，上转换材料 β-$NaYF_4$：Ho^{3+} 的可见区发光均为双光子发光过程。

3.2.3　二元复合上转换光催化机理分析

（1）光催化反应体系自由基测试（ESR）

光催化降解有污染物时，目前公认的是由活性物种 ·OH 起主要作用。·OH 具有强氧化性，能够无选择性的降解各类污染物，在光催化体系中起着决定性的作用。除了起决定作用的 ·OH 外，还存在其他的自由基，如 ·O_2^- 等。本研究用电子顺磁共振技术（ESR）模拟光催化过程中所产生的自由基种类及变化趋势。本次实验针对常见的自由基 ·OH 和 ·O_2^- 进行检测，均采用外加 DMPO（二甲基吡啶 N-氧化物）作为自由基的捕获剂，区别在于 ·OH 的检测在乙醇体系中形成 DMPO-·OH；而 ·O_2^- 的检测在水溶液体系中形成 DMPO-·O_2^-。图 3.10 显示 ESR 检测下 β-$NaYF_4$：Ho^{3+}@TiO_2复合材料在可见光下自由基的变化趋势。从图 3.10 中可以看出，在没有光照的情况下，两种自由基均没有检测出信号，当开灯 2 min 的时候，两种自由基已经出现，并随着时间增加信号不断加强，在开灯 6 min 时达到最大值。结果表明，在可见光下，β-$NaYF_4$：Ho^{3+}@TiO_2复合材料产生光催化现象，并检测到·OH 和·O_2^-两种自由基，且自由基的数量随时间推移在不断累积，说明催化反应中两种自由基均有贡献，并且·OH 起主要作用。

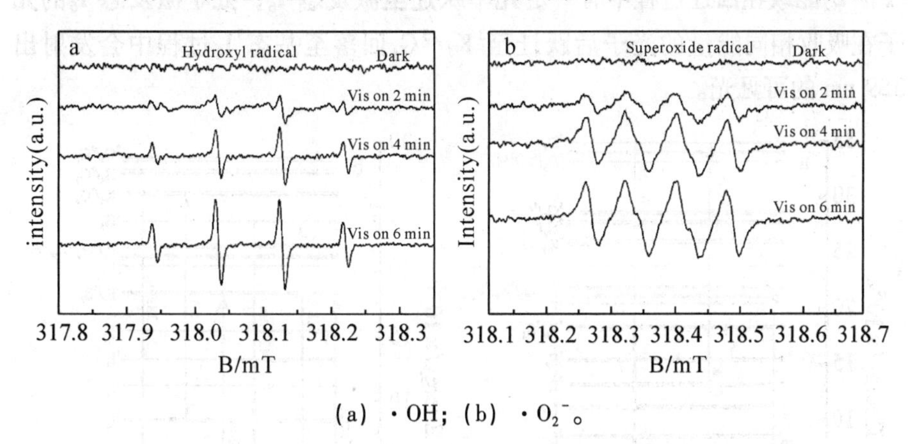

(a) ·OH；(b) ·O_2^-。

图 3.10 β-$NaYF_4$：Ho^{3+}@TiO_2复合材料的电子自旋共振图谱

(2) 机理分析

① 上转换 β-$NaYF_4$：Ho^{3+}发光机理分析

为了推测上转换 β-$NaYF_4$：Ho^{3+}发光机理。图 3.9 给出了在不同激发波长下，发光强度与激发功率的双对数关系图，上转换 β-$NaYF_4$：Ho^{3+}在$^5D_4$→$^5I_8$（290 nm）、$^3K_7$/$^5G_4$→$^5I_8$（389 nm）和$^5G_5$→$^5I_8$（420 nm）双对数图斜率分别为 1.79、1.60 和 1.68。推测，Ho^{3+}离子的三个发射峰均为两光子上转换过程。

图 3.11 为 β-$NaYF_4$：Ho^{3+}在 450 nm 和 532 nm 激发下的发光机理图，由于体系为 Ho^{3+}离子单掺，因此我们需结合 Ho^{3+}离子能级图来分析上转换的发光机理。3.11（a）表明 Ho^{3+}离子在 450 nm 激发下，通过基态吸收从基态$^5I_8$跃迁至激发态$^5F_1$（$^5I_8$→$^5F_1$），而后通过非辐射交叉弛豫回迁至激发态$^5I_4$（$^5F_1$→$^5I_4$）。此后处于激发态$^5I_4$的离子吸收相同能量的光子，经激发态吸收直接跃迁至激发态$^5D_4$（$^5I_4$→$^5D_4$）。最后，处于高激发态$^5D_4$的离子因不稳定，回迁至基态$^5I_8$（$^5D_4$→$^5I_8$），在回迁至基态的过程中会释放 290 nm 的高能紫外光，实现双光子上转换的发光过程。

图 3.11（b）表明 Ho^{3+} 离子在 532 nm 激发下，通过基态吸收从基态 $^5I_8$ 跃迁至激发态 $^5F_4/^5S_2$（$^5I_8 \rightarrow ^5F_4/^5S_2$），而后通过非辐射交叉弛豫回迁至激发态 $^5I_7$（$^5F_4/^5S_2 \rightarrow ^5I_7$）。此后处于激发态 $^5I_7$ 的离子吸收相同能量的光子，经激发态吸收直接跃迁至激发态 $^5G_5$（$^5I_7 \rightarrow ^5G_5$）。最后，处于高激发态 $^5G_5$ 因不稳定而回迁至基态 $^5I_8$（$^5G_5 \rightarrow ^5I_8$），此过程会释放出 420 nm 的可见光，实现双光子上转换的发光过程。同理，在吸收 532 nm 激发光后，基态跃迁至 $^5F_4/^5S_2$ 能级在回迁过程中有一定几率跃迁至激发态 $^5I_6$，处于激发态 $^5I_6$ 的光子在吸收相同能量的光子后跃迁至 $^3K_7/^5G_4$ 回落至基态 $^5I_8$ 过程中会发射出 389 nm 的可见光。

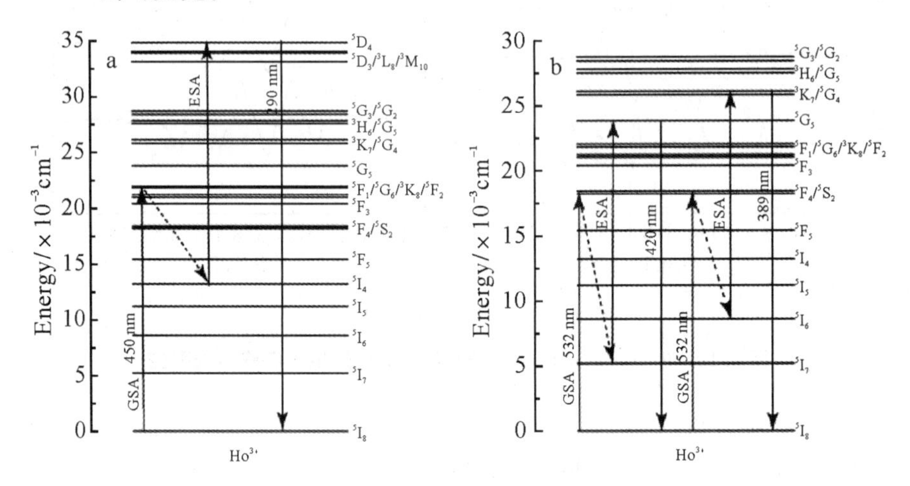

图 3.11　上转换 β-$NaYF_4$：Ho^{3+} 在（a）450 nm 和（b）532 nm 发光机理

② β-NaYF4：Ho^{3+}@TiO_2 核壳微晶光催化降解机理分析

图 3.12 给出了 β-$NaYF_4$：Ho^{3+}@TiO_2 复合微晶光催化降解 RhB 的机理图。从图 3.12 中可推测出一个可能的反应过程：上转换 β-$NaYF_4$：Ho^{3+} 材料吸收可见光并转换成紫外光（3.2）；TiO_2 壳吸收紫外光在其表面产生电子空穴对（3.3）；TiO_2 壳表面的空穴与氧化体系中水产生 ·OH 和 H^+（3.4）；TiO_2 壳表面电子与氧气会生成另一种自由基 ·O_2^- 和过氧化氢（3.5）；·O_2^- 自由基与过氧化氢也会生成 ·OH（3.6）；·OH 和 ·O_2^- 两种自由基均可以作用 RhB，实现光催化降解（3.7）。光催化降解有机污染物 RhB 的具体过程可用以下方程式概括：

$$NaYF_4\text{：}Ho^{3+} + \text{visible light} \rightarrow NaYF_4\text{：}Ho^{3+} + UV \tag{3.2}$$

$$TiO_2 + UV \rightarrow TiO_2(h^+ + e^-) \tag{3.3}$$

$$H_2O + TiO_2(h^+) \rightarrow \cdot OH + H^+ \tag{3.4}$$

$$O_2 + H^+ + TiO_2(e^-) \rightarrow \cdot O_2^- + H_2O_2 \quad (3.5)$$

$$\cdot O_2^- + H_2O_2 \rightarrow \cdot OH + OH^- + O_2 \quad (3.6)$$

$$\cdot OH\ (or \cdot O_2^-) + RhB \rightarrow \text{degradation products} \quad (3.7)$$

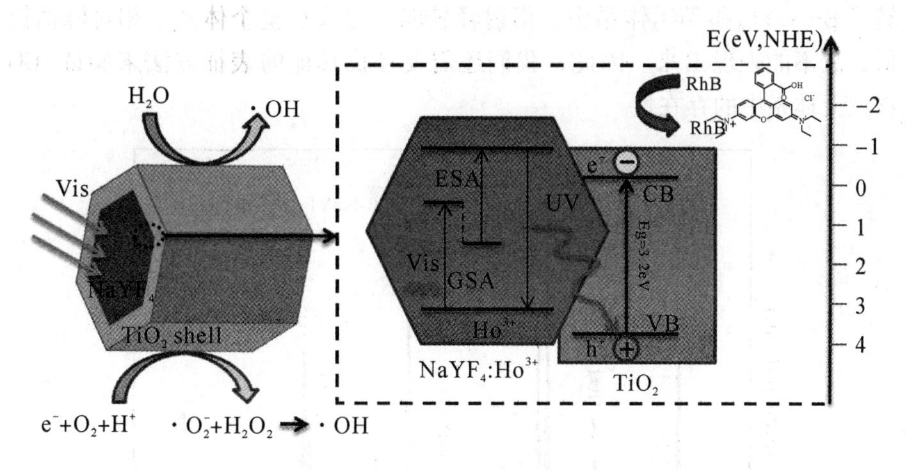

图 3.12 β-$NaYF_4$：Ho^{3+}@TiO_2复合微晶光催化机理

3.3 三元复合上转换催化剂 β-$NaYF_4$：Ho^{3+}@TiO_2-rGO

3.3.1 理化特征

(1) 晶体结构表征分析（XRD）

现将制备好的 β-$NaYF_4$：Ho^{3+}@TiO_2复合材料通过紫外光还原氧化石墨烯（GO）的方法制备 β-$NaYF_4$：Ho^{3+}@TiO_2-rGO 三元复合光催化剂。图 3.13 所示的三元复合光催化剂 XRD 图衍射峰尖锐，具有较好的结晶度。另外，图 3.13 显示，三元光催化剂在 2θ = 17.2°、30.1°、30.8°、43.5°和 53.7°处衍射峰对应于 β-$NaYF_4$的（100）、（110）、（101）、（100）、（201）、（211）晶面，与 β-$NaYF_4$的标准卡（JCPDS no. 16-0334）完美匹配。同时在 2θ = 25.4°、37.8°和 48.1°时出现了 TiO_2 的特征衍射峰，分别对应（101）、（004）和（200）晶面，与锐钛矿标准卡（JCPDS no. 21-1272）吻合。通过与标准卡对比发现，β-$NaYF_4$：Ho^{3+}@TiO_2-rGO 三元光催化剂除了 β-$NaYF_4$和锐钛矿型 TiO_2 的衍射峰外，还原氧化石墨烯的衍射峰并没有在 XRD 图谱中体现出来，其原因归结为在制备过程中，体系中添加的 rGO

含量较低，在三元光催化剂体系中所占的比重较低，低于 XRD 的检测线（LOD），故不能在 XRD 谱图中体现出来；另外，还有可能是因为 rGO 相对于半导体或者其他晶体而言，其结晶度本身就较差，在和结晶度极好的上转换 β-$NaYF_4$和 TiO_2体系中，衍射峰较弱，导致在整个体系下相对峰值极低，故不能表现出来。因此，我们还需要寻找其他的表征方法来验证 rGO 在三元体系中的存在性。

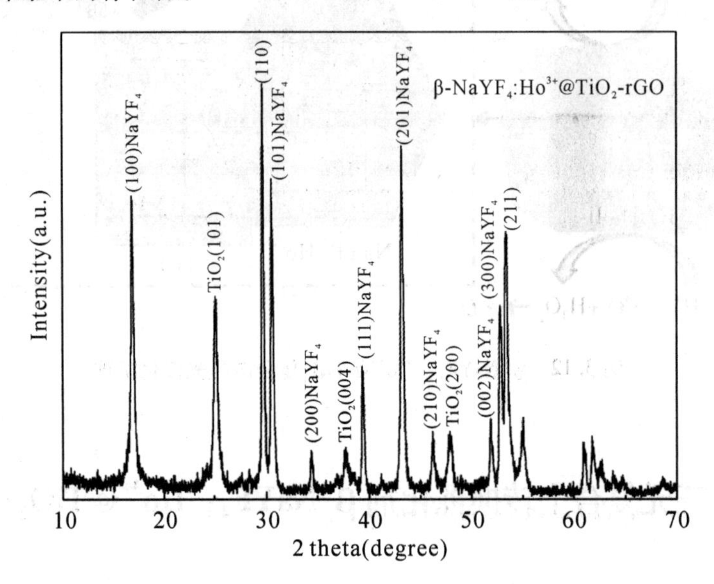

图 3.13　$NaYF_4$：Ho^{3+}@TiO_2-rGO XRD 图谱

（2）表面形貌表征分析（SEM）

为了确定 β-$NaYF_4$：Ho^{3+}@TiO_2-rGO 三元复合物的形貌，以及负载后的三元光催化剂是否达到预期的设想，我们将 rGO 作为 β-$NaYF_4$：Ho^{3+}@TiO_2复合材料的基底载体来分离光生电子和空穴从而提高催化效率。图 3.14 显示的是 β-$NaYF_4$：Ho^{3+}@TiO_2-rGO 三元光催化剂的 SEM 图。首先发现，通过紫外光照射 GO 还原法制备的三元复合光催化剂体系并没有因为 rGO 的引入而改变 β-$NaYF_4$：Ho^{3+}@TiO_2复合材料的晶型和形貌，仍旧表现出六棱柱状上转换材料外包裹一层 TiO_2壳。这与 XRD 的表征结果一致。观察 β-$NaYF_4$：Ho^{3+}@TiO_2-rGO 三元复合物的形貌，发现 rGO 作为二维片层结构具有较大的比表面积，覆盖作为 β-$NaYF_4$：Ho^{3+}@TiO_2复合材料的基底载体，同时由于 rGO 大小的限制，仍有一部分复合材料不能与 rGO 很好地衔接，体系存在大量的片层 rGO，有些片层 rGO 表面残留少量脱落的 TiO_2；同时，观察发现 rGO 呈现薄而透明的状态，因此推断体系中 rGO 的分散性能较好，层数不多，而层数与导电性能以及光透性能等息息相关，而单层或者少层的 rGO 对于传输电子的效率更佳。通过 SEM 表征发现，三元复合催化剂的设计基本满足了将 rGO 作为基底材料，利用其高效的导电性能来增强体系的电子转移能力，提高光催化效果的目的。

图 3.14 （a–f）β–$NaYF_4$：Ho^{3+}@TiO_2–rGO SEM 图

（3）元素组成表征分析（EDS）

为了确定 β–$NaYF_4$：Ho^{3+}@ TiO_2–rGO 三元复合材料的元素组成，验证体系中是否有 rGO（C 元素）的存在，本研究采用了 EDS 分析，图 3.15（b–h）对三元复合材料 EDS 面的扫描结果显示：β–$NaYF_4$：Ho^{3+}@ TiO_2–rGO 三元复合材料中存在 Y、F、Na、Ho、Ti、O 和 C 元素，同时通过面扫描结果发现，Y、F、Na、Ho、Ti 和 O 元素主要集中在 β–$NaYF_4$：Ho^{3+}@ TiO_2复合材料位置，而 C 元素在整个扫描区域内分布较均匀，说明 rGO 分层效果较好，从而进一步确认 rGO 作为基底二维片层结构存在于三元复合体系中。图 3.15（i）给出了面扫描各个元素的质量百分数。表 3.3 列出了 β–$NaYF_4$：

Ho^{3+}@ TiO_2-rGO 三元复合材料各元素所占重量比的计算值。

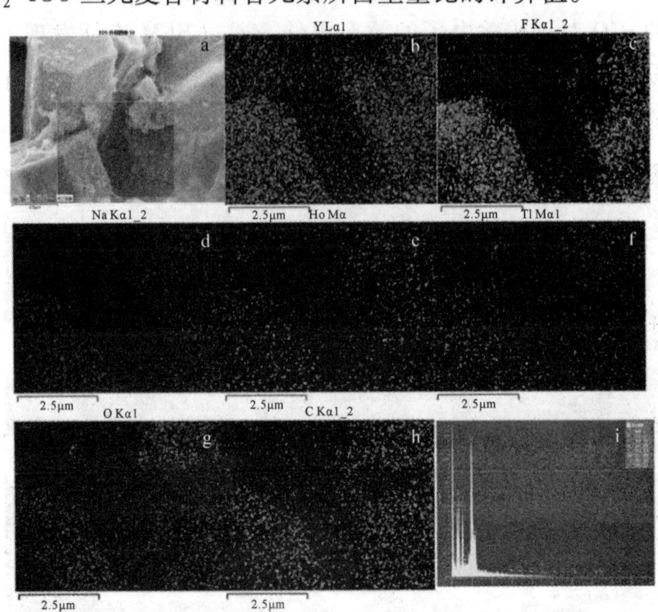

图 3.15　(a) β-$NaYF_4$：Ho^{3+}@ TiO_2-rGO 微晶 SEM 图；
(b-h) Y、F、Na、Ho、Ti、O 和 C 元素分布；
(i) β-$NaYF_4$：Ho^{3+}@ TiO_2-rGO EDS 能谱点扫描

表 3.3　β-$NaYF_4$：Ho^{3+}@ TiO_2-rGO 材料的各元素所占重量比

Element	Na	Y	F	Ho	Ti	O	C
测量值/wt%	8.0	41.6	17.6	2.0	11.1	15.7	4.0

(4) rGO 状态表征分析

验证 β-$NaYF_4$：Ho^{3+}@ TiO_2-rGO 三元光催化剂中 rGO 的存在状态，对于整个体系的研究都至关重要。石墨烯虽比 rGO 表现出更优的导电性能，但由于石墨烯的分散性极差，容易团聚，而本研究的构想是需找一种合适的基底材料，用于传输催化体系的电子，很显然，分散性极差且易于团聚的石墨烯并不适合直接用于与复合材料反应，而相对于石墨烯而言，GO 具有极好的分散性，故我们在制备三元复合催化剂时采用还原 GO 的方法，在紫外光还原过程中，并不足以使 GO 完全还原成石墨烯，而是还原成一种介于 GO 和石墨烯之间的产物 rGO，其表面存在大量的缺陷导致其相对于 GO 而言，表现出较好的导电能力。因此，本研究采用了大量的表征证实该体系中基底材料的存在状态。

①化学价态表征分析（XPS）

对 β-$NaYF_4$：Ho^{3+}@TiO_2-rGO 三元复合光催化剂进行 XPS 表征以确定表面元素的化学状态。图 3.16（a）所示的全光谱图显示该样品中含有 Ti、O、Na、Y、F、Ho 和 C 元素，说明该三元复合光催化剂除第三章描述的 β-$NaYF_4$：Ho^{3+}@TiO_2外，还检测到 C1s 峰，该 C1s 峰我们认为来自 rGO。图 3.16（b）是将全光谱 C1s 部分局部放大的拟合图。从图 3.16（b）中我们可以发现，C 除了在 284.6 eV 有对称的 sp^2杂化的 C-C 峰之外，在 286.0 eV 和 288.6 eV 还有环氧基 C-O-C 和羧基 O=C-OH 含氧官能团，但含氧官能团数量与 rGO 相比有所减少[6]，这说明 GO 被大部分还原但是并没有还原彻底，此结果与下面的 Raman 表征结果相吻合。如图 3.16（c）为 Ti2p 图谱经过拟合后得到的。对比发现，三元复合光催化剂光电子能谱与复合材料相比，除了增加了新的 C1s 峰外，Ti2p 的峰由于体系中 rGO 的引入也发生了明显的变化。从图 3.16 中可以发现 Ti2p 在 458.4 eV、464.0 eV 和 449.7 eV处出现了明显的峰，分别对应于TiO_2的 $Ti2p_{3/2}$、$Ti2p_{1/2}$和 Ti-C 键，说明在 rGO 和 TiO_2之间发生了化学反应形成了化学键，并不是简单地物理复合，研究发现 Ti-C 键的形成有利于拓宽 TiO_2对光的响应面[2]。

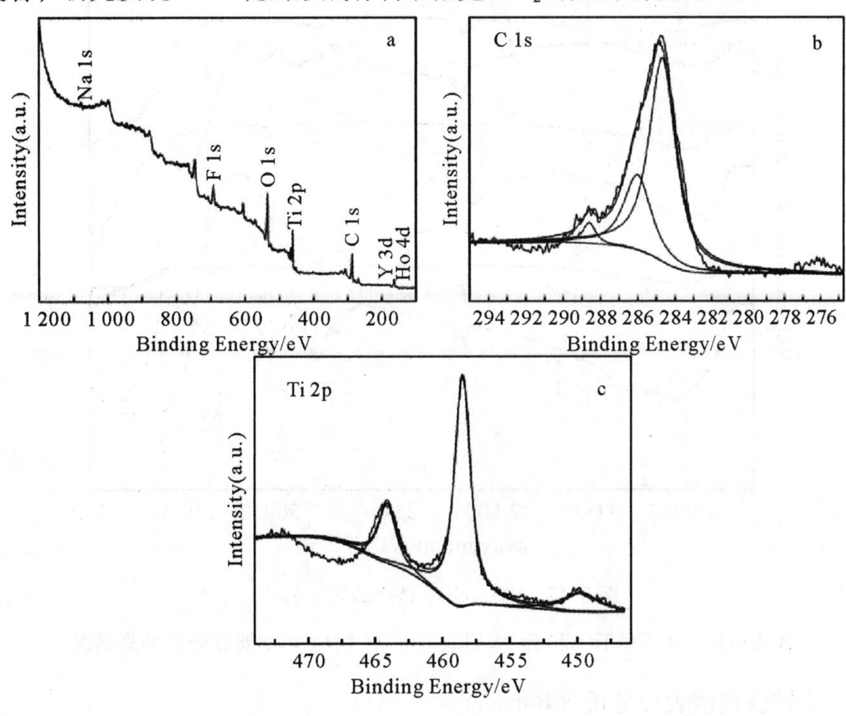

（a）全光谱；（b）C1s；（c）Ti2p。

图 3.16　β-$NaYF_4$：Ho^{3+}@TiO_2-rGO 复合物的 XPS 图谱

②傅立叶红外光谱表征分析（FTIR）

为了更进一步确定GO在紫外光照下被还原，我们对制备的样品进行了傅立叶红外光谱分析，结果如图3.17所示。图3.17的结果显示，GO含有丰富的含氧功能团，在1 731 cm^{-1}处出现的强峰主要是由羧基官能团中C=O的拉伸振动引起的，而1 623 cm^{-1}附近出现的强峰则主要是由石墨结构中没有被氧化C=C结构引起。另外，在1 401 cm^{-1}出现的峰则是由于在表层上被氧化的C-OH的作用。在3 405 cm^{-1}和1 048 cm^{-1}处出现的峰是由OH和C-O的振动引起的。通过对β-$NaYF_4$：Ho^{3+}@TiO_2-rGO与GO的对比发现，在1 084 cm^{-1}和1 731 cm^{-1}的C-O和C=O几乎消失，这说明部分羧基在紫外光照下发生不同程度的还原；1 623 cm^{-1}和1 401 cm^{-1}处官能团也明显降低。结果表明，紫外光照射处理可将GO有效还原为rGO，与XPS结果一致。β-$NaYF_4$：Ho^{3+}@TiO_2-rGO在1 000 cm^{-1}处强而宽的吸收峰是Ti-O-Ti和Ti-O-C的伸缩振动的组合峰，Ti-O-C键的存在表明rGO与纳米TiO_2之间存在着化学键。而此化学键的形成有利于吸收波长的红移，从而更好地利用太阳光催化，该结果与XPS分析结果也一致。

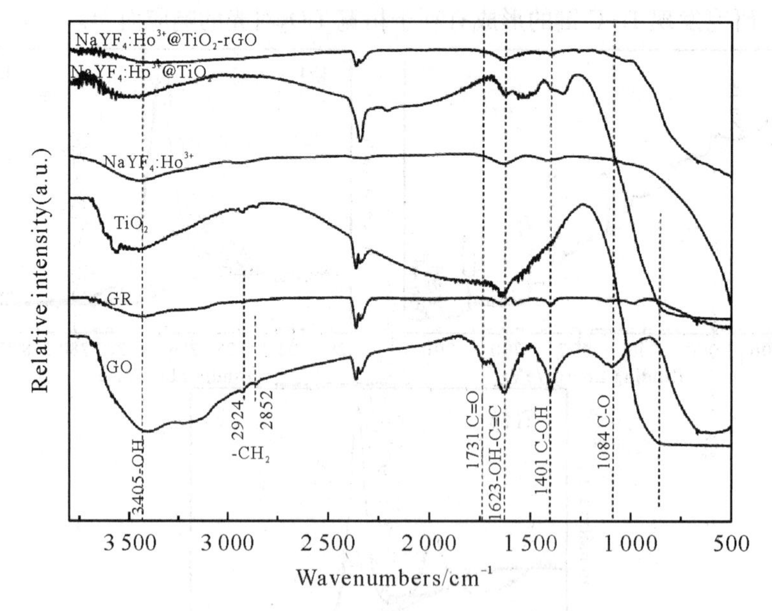

图3.17　GO、GR、β-$NaYF_4$：Ho^{3+}、β-$NaYF_4$：Ho^{3+}@TiO_2和β-$NaYF_4$：Ho^{3+}@TiO_2-rGO傅立叶红外光谱图

③拉曼光谱表征分析（Raman）

拉曼光谱是表征碳材料重要的手段，可用于表征石墨烯平面上C原子的

sp^2及sp^3杂化情况，以确定石墨烯表面C原子的无序排列及缺陷。图3.18是β-$NaYF_4$：Ho^{3+}、β-$NaYF_4$：Ho^{3+}@TiO_2和β-$NaYF_4$：Ho^{3+}@TiO_2-rGO的拉曼光谱图。从图3.18中可以看出，三种材料在1 800 cm^{-1}~2 300 cm^{-1}出所出现的峰的位置和大小基本一致，表明该段的峰值是由于上转换材料β-$NaYF_4$：Ho^{3+}所导致的。对比于上转换材料，β-$NaYF_4$：Ho^{3+}@TiO_2复合材料的拉曼光谱除了具备上转换材料的峰以外，在140 cm^{-1}、399 cm^{-1}、517 cm^{-1}和639 cm^{-1}处出现了锐钛矿型TiO_2的特征峰，相对于β-$NaYF_4$：Ho^{3+}@TiO_2-rGO而言，其峰强相对较弱。而三元复合光催化剂β-$NaYF_4$：Ho^{3+}@TiO_2-rGO在1 355.8 cm^{-1}和1 582.2 cm^{-1}处出现了D峰和G峰两个特征峰。D峰呈现出rGO边缘的缺陷及其无定型结构，而G峰呈现出有序的sp^2键结构。D峰与G峰的比值I_D/I_G是sp^2杂化尺寸的指针，也是衡量rGO缺陷程度的一个重要标准。I_D/I_G的值越小，表明所制备的rGO存在的缺陷越少，质量越高。从图3.18中计算出通过紫外光照还原法制备的材料I_D/I_G比值为1.04，其比值远远超过石墨烯，而上面一系列表征表明，紫外光照下对GO的还原作用确实存在，确定GO最终被还原为rGO。

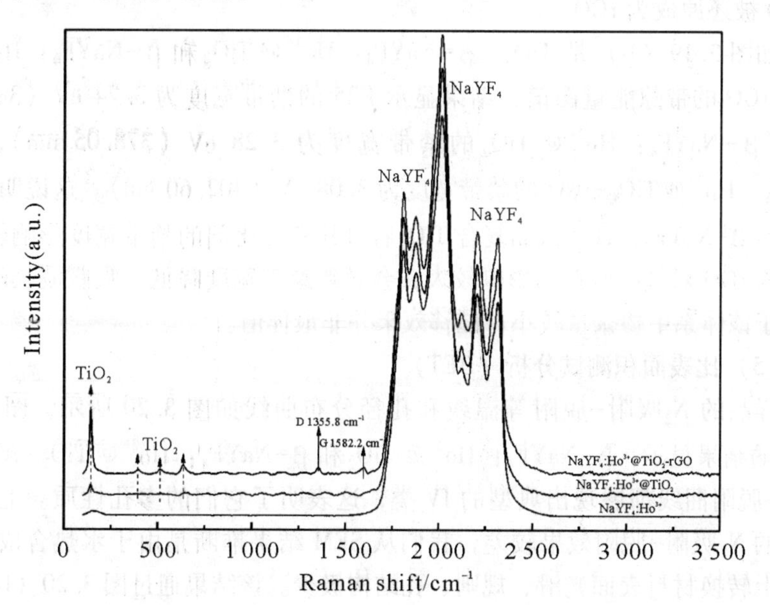

图3.18 β-$NaYF_4$：Ho^{3+}、β-$NaYF_4$：Ho^{3+}@TiO_2和β-$NaYF_4$：Ho^{3+}@TiO_2-rGO的拉曼光谱图

④紫外可见漫反射表征分析（UV-Vis DRS）

β-$NaYF_4$：Ho^{3+}@TiO_2-rGO三元复合材料紫外可见漫反射光谱图如图

3.19（a）所示。结果表明，β-$NaYF_4$：Ho^{3+}@TiO_2-rGO，相比于β-$NaYF_4$：Ho^{3+}@TiO_2、β-$NaYF_4$：Ho^{3+}和TiO_2紫外可见吸收图谱，引入rGO后有两个明显的区别：一是其在可见光下吸光特性整体增强，二是其吸收截面发生红移。这两个特性均有利于提升其在可见光下的光催化活性。rGO的引入使复合光催化剂的吸收截面红移，发生该现象是因为在制备过程中TiO_2与rGO发生化学反应而形成化学键，形成的Ti-C化学键可使TiO_2的吸收截面红移。同时还发现，上转换材料在450 nm、537 nm和642 nm出现最大吸收峰，而β-$NaYF_4$：Ho^{3+}@TiO_2复合材料在450 nm处也有一个微弱的峰值，说明引入TiO_2并没有改变其最大吸收波长。整体来看，450 nm处吸收峰的强度相对更强。吸收峰吸收光的能力越强，越适合充当激发波长，因此将450 nm的吸收峰作为上转换材料β-$NaYF_4$：Ho^{3+}发光光谱的激发波长。

另外，对GO进行紫外可见测试发现，其在230 nm出现最强吸收峰，该吸收峰是由于GO的芳香C-C键的π-π*电子跃迁而产生的[7]。而通过紫外光照射下GO处理后的紫外可见光谱结果显示，其最大吸收峰出现在270 nm处，整体的吸收峰强度增强，并发生红移40 nm，说明在紫外光照射下GO被还原成为rGO。

如图3.19（b）是TiO_2、β-$NaYF_4$：Ho^{3+}@TiO_2和β-$NaYF_4$：Ho^{3+}@TiO_2-rGO的带隙能量图谱，结果显示P25的禁带宽度为3.24 eV（382.72 nm），β-$NaYF_4$：Ho^{3+}@TiO_2的禁带宽度为3.28 eV（378.05 nm），β-$NaYF_4$：Ho^{3+}@TiO_2-rGO的禁带宽度为3.08 eV（402.60 nm）。这说明上转换材料β-$NaYF_4$：Ho^{3+}微晶复合TiO_2后对其光催化剂的禁带宽度影响较小，但引入rGO对其吸收截面影响较大，会导致禁带宽度降低，吸收波长红移，但由于该体系中掺杂量较小，红移效果并非最佳值。

（5）比表面积测试分析（BET）

样品的N_2吸附-脱附等温线和孔径分布曲线如图3.20所示。图3.20（a）的结果显示，β-$NaYF_4$：Ho^{3+}@TiO_2和β-$NaYF_4$：Ho^{3+}@TiO_2-rGO的吸附-脱附曲线都展现出典型的Ⅳ类，这表明了它们的多孔性质。上转换材料的N_2吸附-脱附效果较差，我们从SEM结果推断是由于水热合成法制备的上转换材料表面光滑、规则、孔结构极少。该结果通过图3.20（b）孔径分布结果也可得出，上转换材料的孔径均匀而且接近于零。当引入TiO_2后，无论是N_2吸附-脱附能力还是孔径都明显增强，但体系引入rGO后，rGO的极大的比表面积导致其吸附能力和孔径进一步增大。本研究中材料的孔径相对于其他催化剂略小，主要集中在1~8 nm，该结果是由上转换基质材料性质规则、呈六棱柱状、表面光滑等特征引起的。

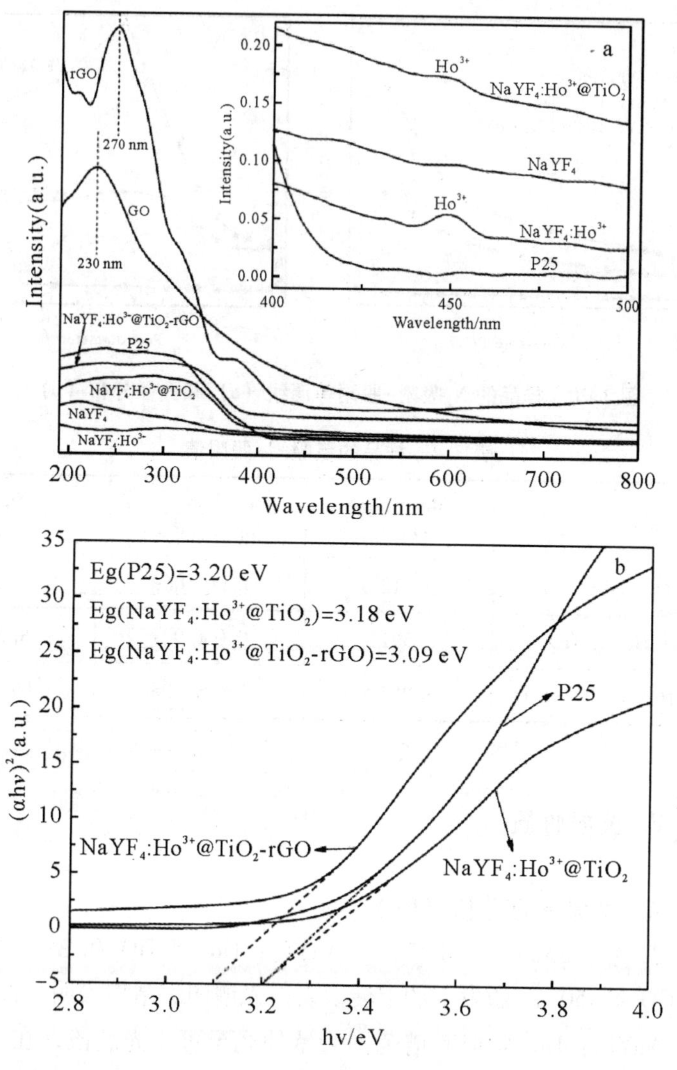

图 3.19 (a) β-$NaYF_4$：Ho^{3+}、TiO_2、β-$NaYF_4$：Ho^{3+}@TiO_2、β-$NaYF_4$：Ho^{3+}@TiO_2-rGO、GO 和在紫外光照下还原的 rGO 的紫外-可见漫反射光谱图；(b) 对应的带隙能量图谱

表 3.4 详细记录了样品在负载前后的比表面积、孔径和孔容变化情况，从图与数据可以直观发现，rGO 的引入，导致光催化剂的比表面积孔径和孔容均有较大的改善，尤其是比表面积相对于上转换材料增加了约 19 倍，极大地改善了催化剂的吸附降解能力。

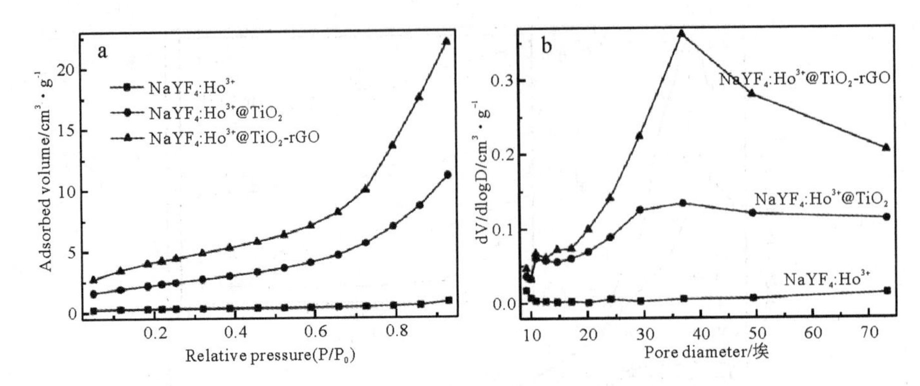

图 3.20 样品的 N_2 吸附-脱附等温线（a）和孔径分布（b）

表 3.4 样品的氮吸附-脱附值

Sample	Mean pore size/nm	Pore volume/$cm^3 \cdot g^{-1}$	Surface area/$m^2 \cdot g^{-1}$
$NaYF_4$：Ho^{3+}	3.512 3	0.001 069	0.893 8
$NaYF_4$：Ho^{3+}@ TiO_2	3.591 5	0.016 921	8.388 4
$NaYF_4$：Ho^{3+}@ TiO_2-rGO	3.965 5	0.032 805	16.751 1

3.3.2 光学性质

（1）发光性质表征分析（PL）

图 3.21 是 β-$NaYF_4$：Ho^{3+}、β-$NaYF_4$：Ho^{3+}@ TiO_2和 β-$NaYF_4$：Ho^{3+}@ TiO_2-rGO 在 450 nm 激发下的上转换发射光谱图。结果表明，在可见光激发下，β-$NaYF_4$：Ho^{3+}发射光谱范围为紫外光至可见光波段，在 450 nm 激发下，发射峰为 290 nm 的紫外光，其对应 Ho^{3+}离子的$^5D_4 \rightarrow {}^5I_8$辐射跃迁。上转换材料 β-$NaYF_4$：$Ho^{3+}$掺杂 TiO_2后其复合材料的发射峰波长位置没有改变，说明复合对上转换材料发光性质并未改变。同时，在 450 nm 激发下，β-$NaYF_4$：Ho^{3+}@ TiO_2复合材料在 290 nm 发光强度很弱，发射峰几乎消失。说明上转换材料吸收 450 nm 的可见光后发射出的紫外光被 TiO_2吸收。而在 β-$NaYF_4$：Ho^{3+}@ TiO_2-rGO 三元复合体系中，其发射峰的位置并没有因为 rGO 的引入而改变，但发射峰的强度进一步减小，其强度几乎消失，说明体系对光的吸收能力增强，而 rGO 的引入有利于整个体系的光传递效率的提高。

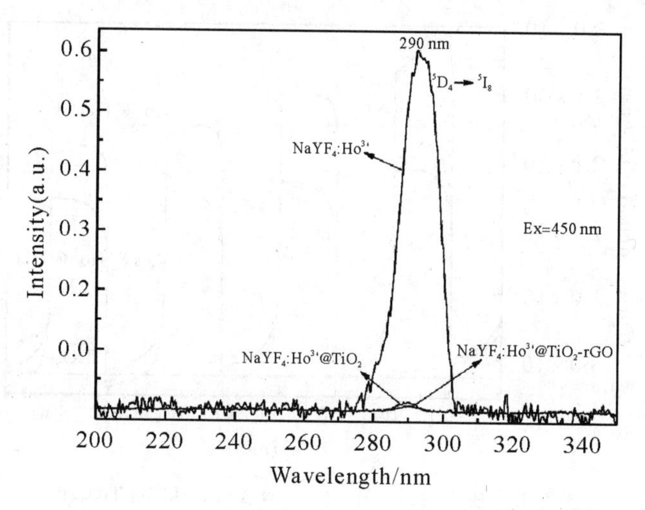

图 3.21 β-$NaYF_4$：Ho^{3+}、β-$NaYF_4$：Ho^{3+}@TiO_2和β-$NaYF_4$：Ho^{3+}@TiO_2-rGO 在 450 nm 下发射光谱

（2）电化学性能测试分析

图 3.22 显示了可见光在照射下样品产生的光电流。结果表明，上转换材料β-$NaYF_4$：Ho^{3+}在可见光的照射下只会发生内部稀土离子能级跃迁，电子只在晶格内部运动，故不会产生光电流。而β-$NaYF_4$：Ho^{3+}@TiO_2复合材料表现出较强的光电流，这表明 TiO_2光催化剂的引入，吸收了上转换材料发射的紫外光并被激发发生电子和空穴的分流，而电子的定向移动产生光电流，故在复合材料β-$NaYF_4$：Ho^{3+}@TiO_2中检测到较强的光电流。而相比于β-$NaYF_4$：Ho^{3+}@TiO_2，β-$NaYF_4$：Ho^{3+}@TiO_2-rGO 三元复合催化剂的光电流进一步增强，表明光生电子和空穴的分离效率增强。这说明 rGO 的引入有利于提高体系内电子的传输效率，使光生电子和空穴分离效率增强。总而言之，rGO 与β-$NaYF_4$：Ho^{3+}@TiO_2复合可有效抑制载流子的复合，故β-$NaYF_4$：Ho^{3+}@TiO_2光催化剂有望展现出高效的光催化性能。

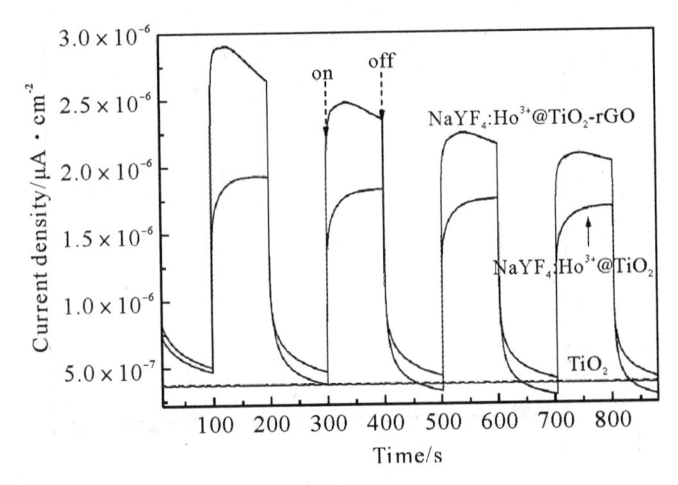

图 3.22　β-$NaYF_4$：Ho^{3+}、β-$NaYF_4$：Ho^{3+}@TiO_2和

β-$NaYF_4$：Ho^{3+}@TiO_2-rGO 瞬态光电流密度

(3) 3D 荧光表征分析

3D 荧光法是一种有效表征电子迁移、转化和复合过程的方法。图 3.23 显示的是 β-$NaYF_4$：Ho^{3+}、β-$NaYF_4$：Ho^{3+}@TiO_2和 β-$NaYF_4$：Ho^{3+}@TiO_2-rGO的三维荧光图谱，图 3.23（a）显示 β-$NaYF_4$：Ho^{3+}在（λ_{em}，λ_{em}）=[205 nm，315(335 nm)]、(λ_{ex}，λ_{em}) = (240 nm，315 nm) 和 (λ_{ex}，λ_{em}) = (235 nm，385 nm) 位置处出现荧光峰值。相比于上转换材料，复合材料的吸收峰的位置基本未发生改变，但强度略有降低。而 β-$NaYF_4$：Ho^{3+}@TiO_2-rGO 荧光结果相对于前两者表现出较大的差异，虽荧光峰的位置未发生较大改变，但强度明显降低，说明相比于上转换材料和复合材料，三元复合催化剂由于 rGO 的引入而对增强体系内电子和空穴的分离具有积极作用，该结果与光电流结果一致。

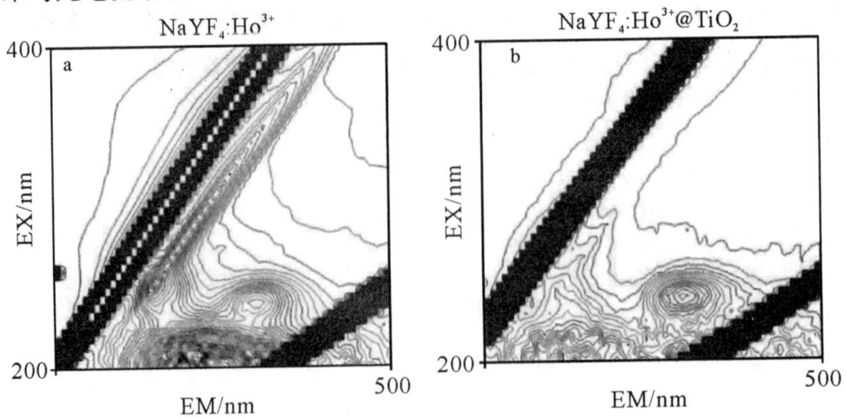

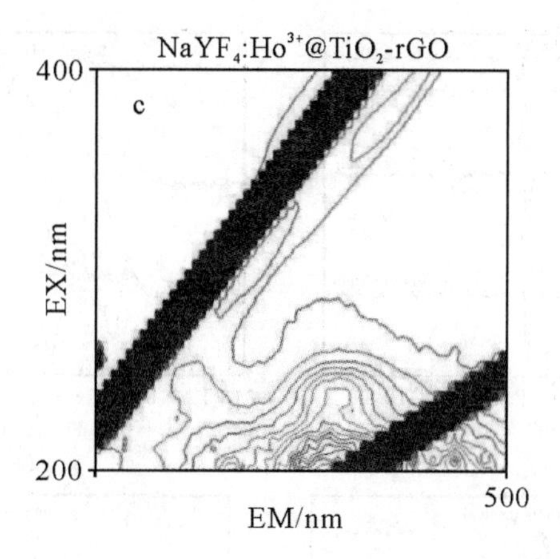

图 3.23 (a) β-$NaYF_4$: Ho^{3+}、(b) β-$NaYF_4$: Ho^{3+}@ TiO_2和 (c) β-$NaYF_4$: Ho^{3+}@ TiO_2-rGO 三维荧光图谱

3.3.3 三元复合上转换光催化机理分析

(1) 自由基测试及分析 (ESR)

ESR 技术用于检测催化体系中的 · OH 和 · O_2^-。图 3.24 (a-b) 表明，在可见光下，在 β-$NaYF_4$: Ho^{3+}@ TiO_2-rGO 体系中 · OH 和 · O_2^-均有较强的信号。同时，随着时间的增加，两种自由基的信号明显增强，说明两种自由基随时间增加有累积效应。为了更直观地说明 rGO 的引入对体系的作用，我们选取了同一时刻 TiO_2、β-$NaYF_4$: Ho^{3+}@ TiO_2和 β-$NaYF_4$: Ho^{3+}@ TiO_2-rGO 在可见光照射下 · OH 和 · O_2^-的信号图对比，如图 3.24 (c-d) 所示。发现在可见光照射下 4 min 时 TiO_2、β-$NaYF_4$: Ho^{3+}@ TiO_2和 β-$NaYF_4$: Ho^{3+}@ TiO_2-rGO 三种样品的两种自由基信号均有明显的区别。对 TiO_2而言，可见光不足以激发 TiO_2，故自由基的信号几乎检测不出来。β-$NaYF_4$: Ho^{3+}@ TiO_2由于可以将可见光转换成紫外光激发 TiO_2产生电子-空穴分离，从而可以检测出较强的 · OH 和 · O_2^-信号。引入 rGO 后，β-$NaYF_4$: Ho^{3+}@ TiO_2-rGO 体系中自由基信号远远强于 β-$NaYF_4$: Ho^{3+}@ TiO_2，其 · OH 和 · O_2^-信号强度分别是 β-$NaYF_4$: Ho^{3+}@ TiO_2强度的 3.2 倍和 2.1 倍。结果表明，β-$NaYF_4$: Ho^{3+}@ TiO_2-rGO 在相同时间内能累积更多的自由基，而自由基的多少直接关系到光催化降解的效率。

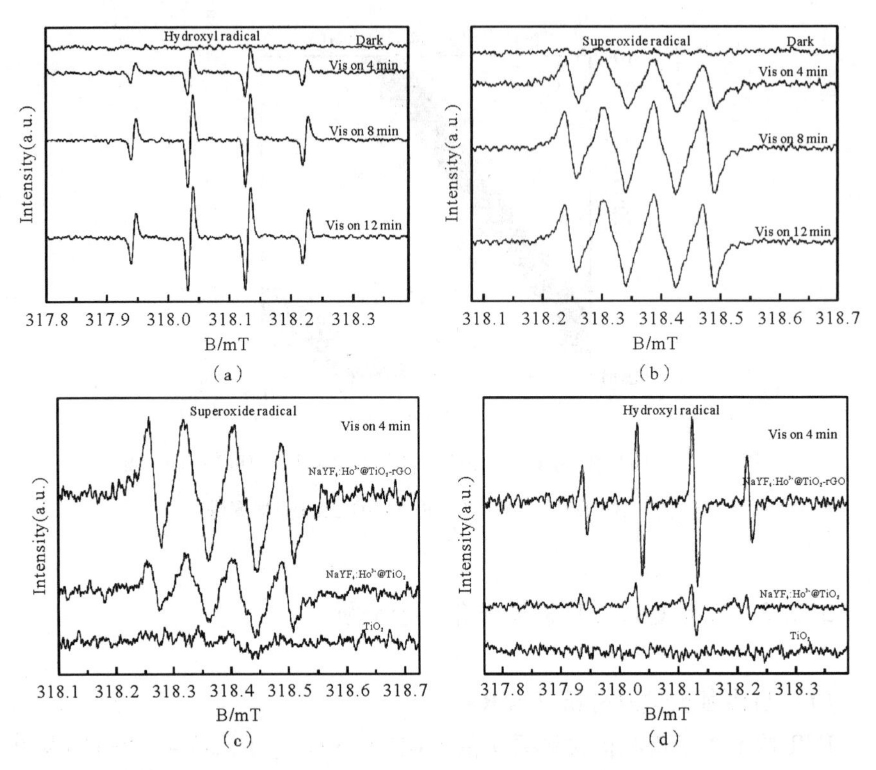

图 3.24 β-$NaYF_4$：Ho^{3+}、β-$NaYF_4$：Ho^{3+}@TiO_2和 β-$NaYF_4$：Ho^{3+}@TiO_2-rGO 在可见光照射 4 min 下的电子自旋共振图谱

(2) 光催化机理分析

图 3.25 给出了 β-$NaYF_4$：Ho^{3+}@TiO_2-rGO 三元复合光催化剂的催化机理路径图。从图 3.25 中可以直观地看出，在该三元复合体系中每一部分的作用。由图 3.25 可知，光催化反应始于上转换材料吸收可见光经过内部 Ho^{3+}电子跃迁和能量累积，发射出高能的紫外光，紫外光激发 TiO_2光催化剂使催化剂的电子从价带跃迁到导带，并产生具有强氧化性的空穴，而电子在导带处由于处于亚稳态，容易回迁至基态，发生电子和空穴的复合，而体系引入的 rGO 由于其能带位置低于 β-$NaYF_4$：Ho^{3+}@TiO_2导带位置，致使电子在回迁的过程优先传输至 rGO，而 rGO 优良的电子传输性能可以将电子迅速传走，从而抑制电子和空穴的复合。该三元光催化剂的反应机理具体过程如下：

$$NaYF_4:Ho^{3+} + \text{visible light} \rightarrow NaYF_4:Ho^{3+} + UV \tag{3.8}$$

$$TiO_2 + UV \rightarrow TiO_2(h^+ + e^-) \tag{3.9}$$

$$H_2O + TiO_2(h^+) \rightarrow \cdot OH + H^+ \tag{3.10}$$

$$TiO_2(e^-) + rGO \rightarrow TiO_2 + rGO(e^-) \tag{3.11}$$

$$O_2 + H^+ + rGO(e^-) \rightarrow \cdot O_2^- + H_2O_2 \tag{3.12}$$

$$\cdot O_2^- + H_2O_2 \rightarrow \cdot OH + OH^- + O_2 \tag{3.13}$$

$$\cdot OH\ (or\ \cdot O_2^-) + RhB \rightarrow degradation\ products \tag{3.14}$$

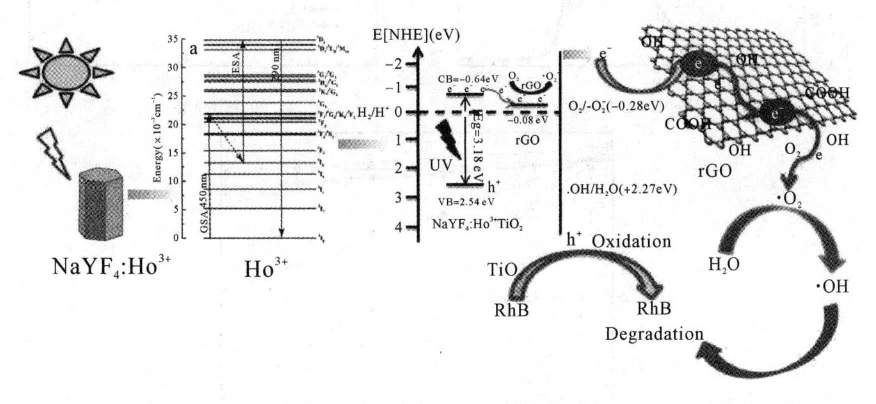

图 3.25　β-$NaYF_4$：Ho^{3+}@TiO_2-rGO 复合材料光催化机理

3.4　活性评价与应用

3.4.1　核壳结构 β-$NaYF_4$：Ho^{3+}@TiO_2

(1) 光催化活性评价

本研究以罗丹明 B（RhB）为目标降解物来研究 β-$NaYF_4$：Ho^{3+}@TiO_2 复合材料的可见光光催化活性。光源采用 500 W 氙灯耦合 420 nm 截止滤光片。光催化实验装置是由本课题组自行开发研制的，如图 3.2 所示。图 3.26（a）显示，随着降解时间的增加，RhB 在 554 nm 处的吸光度逐渐减小，说明 β-$NaYF_4$：Ho^{3+}@TiO_2复合材料在可见光下对 RhB 具有较好的降解效果。β-$NaYF_4$：Ho^{3+}@TiO_2复合材料光催化效果通过光照前后 RhB 浓度比值的变化来标定。

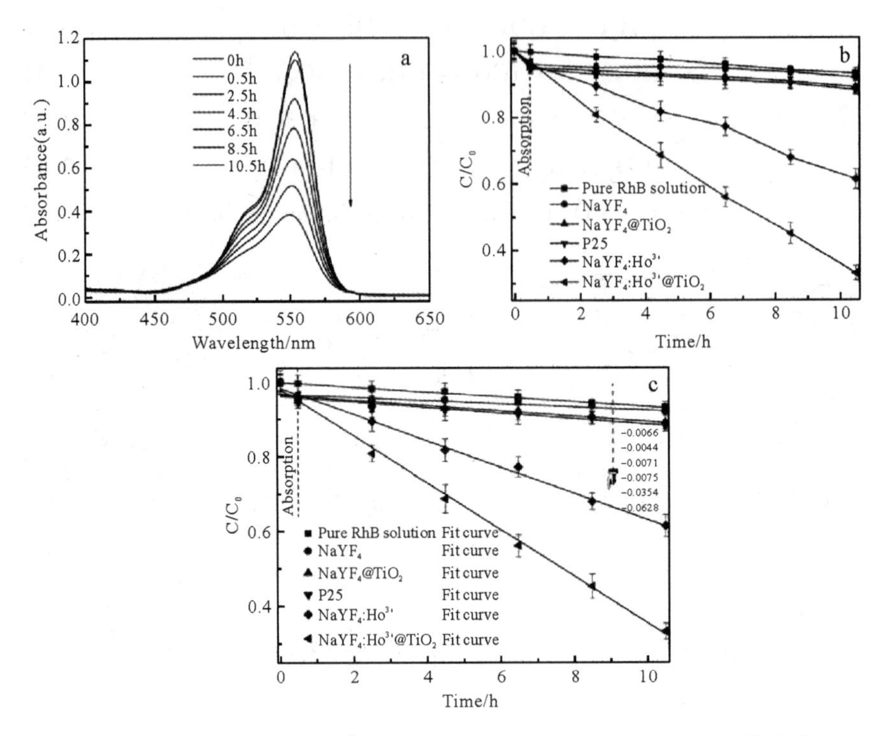

图 3.26　(a) β-$NaYF_4$：Ho^{3+}@TiO_2复合材料不同时间下的 RhB 吸收光谱图；(b) 不同光催化剂在氙灯照射下的降解效果；(c) 不同催化剂降解效果拟合图

图 3.26 (b) 是不同光催化剂下 RhB 的 C/C_0随着时间变化的曲线图。其中，C_0和 C 分别是 RhB 初始浓度和取样时刻的浓度。结果表明，β-$NaYF_4$：Ho^{3+}@TiO_2复合光催化剂在氙灯照射下 10 h，RhB 的脱色率约 67%。其中，RhB 在光照下 10 h 自分解仅为 7%，说明氙灯的热辐射对 RhB 的脱色效果影响较小。紫外光催化剂 P25 在 10 h 下对 RhB 的脱色率仅为 8%，并且其中一半来自吸附降解，说明 P25 在可见光下的催化效果极差。由此可见，光催化剂对 RhB 的暗吸附效果有限，对整个降解过程可忽略不计。有趣的是，上转换材料 $NaYF_4$：Ho^{3+}在 10 h 下对 RhB 的脱色率高达 38%，相对于 $NaYF_4$，P25 和 β-$NaYF_4$@TiO_2表现出较好的降解效果。其原因为激活剂 Ho^{3+}非辐射跃迁产生上转换紫外发光（290 nm），产生较大的热能，前面的 PL 表征结果也可以相互印证，而短波长的光可以产生光敏化现象，从而分解 RhB。同时，在未掺杂激活剂 Ho^{3+}时，β-$NaYF_4$和 β-$NaYF_4$@TiO_2在 10 h 条件下对 RhB 脱色率仅为 8%和 11%，远低于掺杂后的效果。这说明上转换发光必须选择合适的激活离子从而引起光子跃迁。然而，单纯的上转换热解的效果远不及 β-$NaYF_4$：Ho^{3+}@TiO_2复合材料光催化效果，说明上转

换掺杂光催化剂 TiO_2确实可以实现能量转移，上转换材料吸收可见光发射紫外光被 TiO_2吸收从而发生光催化现象。图 3.26（c）是不同催化剂降解效果拟合图，其降解规律符合 Langmuir-Hinshelwood 零级动力学模型。由图 3.26 可知，相比于其他光催化剂，β-$NaYF_4$：Ho^{3+}@TiO_2复合光催化剂的反应速率常数最大，其值为-0.062 8。因此，本研究实验制备的核壳结构复合光催化剂在可见光氙灯的照射下对有机污染物 RhB 有较好的降解效果。

（2）材料的稳定性评价

光催化剂是否能在反复光照后仍保持光化学稳定性和持久性，这在实际应用中至关重要。图 3.27（a）为 β-$NaYF_4$：Ho^{3+}@TiO_2复合材料在循环 4 次后的光催化活性。结果表明，催化剂经 4 次循环后其活性并没有明显降低，从最初的 67%下降至 57%，并趋于稳定。这说明复合材料催化剂在重复过程中稳定性和重复性还好。同时，从图 3.27（b）知，β-$NaYF_4$：Ho^{3+}@TiO_2复合材料的形貌结构在反复光照后也几乎没有变化，表面仍旧包裹大量的 TiO_2壳。图 3.27（c）为 β-$NaYF_4$：Ho^{3+}@TiO_2光催化剂循环 4 次后的 XRD 图，结果表明，样品在催化前后结构相对较稳定。但与其初始的 XRD 的区别在于，TiO_2壳的衍射峰强度变弱。在催化剂回收过程中，由于需要离心分离等外机械作用，加入过量的 TiO_2容易导致团聚并流失，同时有部分作用力较弱的 TiO_2壳也容易流失，从而导致整体的 TiO_2量变少，但通过对比发现，其表面仍然有足够的 TiO_2壳吸光产生光催化反应，故整体的降解效率在重复四次实验后并没有明显地降低。

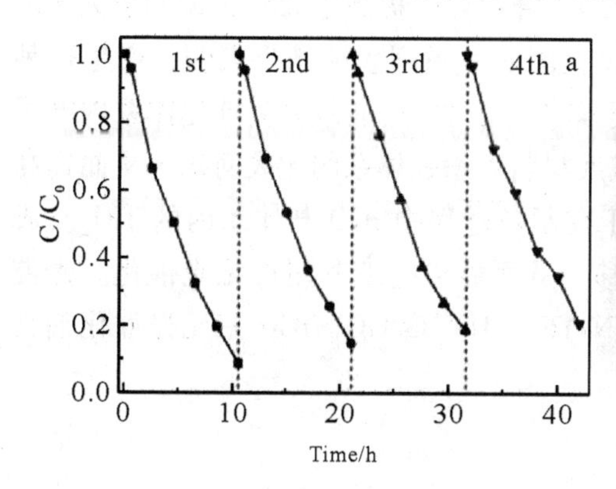

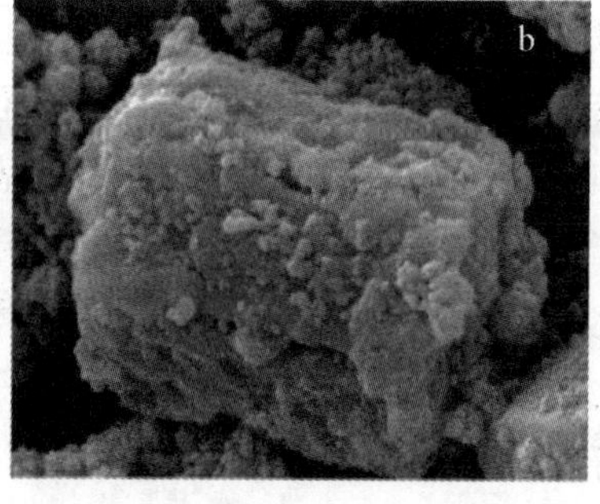

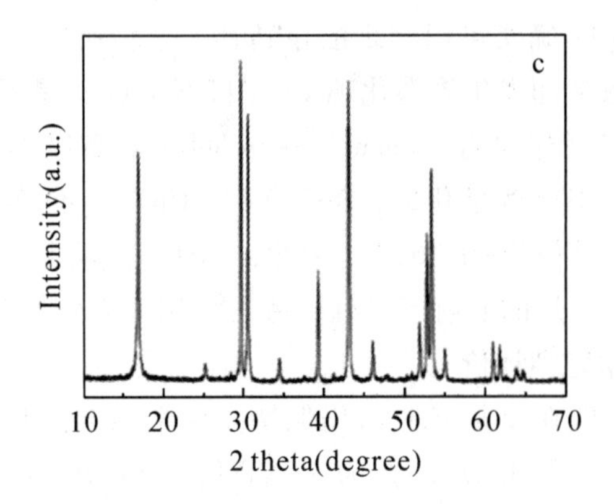

图 3.27 (a) β-$NaYF_4$：Ho^{3+}@TiO_2复合材料降解 RhB 重复四次后效果；(b) 复合材料重复四次后扫描电镜图；(c) XRD 图

3.4.2 三元复合上转换催化剂 β-$NaYF_4$：Ho^{3+}@TiO_2-rGO

(1) 光催化活性评价

本研究以罗丹明 B（RhB）为目标降解物来研究 β-$NaYF_4$：Ho^{3+}@TiO_2-rGO 的可见光光催化活性。光源采用 500 W 氙灯耦合 420 nm 截止滤光片。图 3.28 是 C/C_0随着光照时间的增加而变化的曲线图。结果表明，光催化剂 β-$NaYF_4$：Ho^{3+}@TiO_2-rGO 在氙灯照射下 10 h，RhB 的脱色率约 92%。相对于 β-$NaYF_4$：Ho^{3+}@TiO_2复合材料，降解效率提高了 25%，说明引入 rGO 对光催化效果有明显的促进作用。上面的一系列表征结果表明，产生这种结果可能是由于以下原因：rGO 超强的导电性能可有效分离催化体系内电子和空穴；rGO 大的比表面积作为基底材料可增强体系的比表面积，从而提高催化剂的吸附降解能力，同时由于在制备过程中 rGO 与体系内的 TiO_2发成化学成键，导致其吸收截面的红移，从而能更好地利用可见光催化。光催化降解实验结果表明，制备的 β-$NaYF_4$：Ho^{3+}@TiO_2-rGO 三元光催化剂具有较好的可见光催化能力。

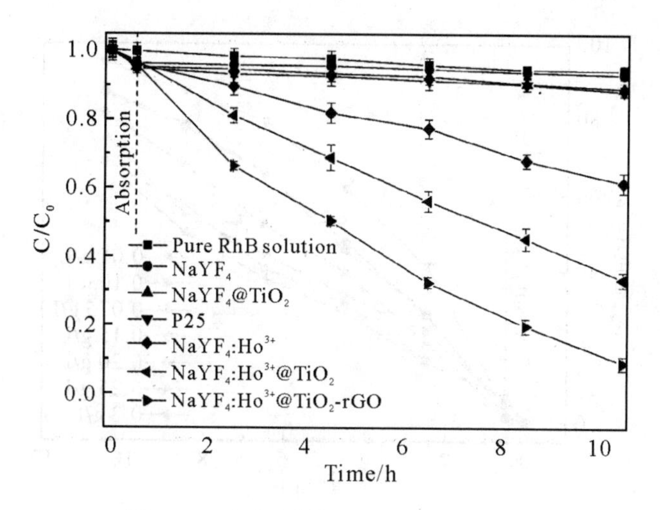

图 3.28 光催化剂的 RhB 脱色性能测试

（2）光催化活性影响条件

①光催化剂投加量对光催化活性的影响

在光催化过程中，催化剂投加量对光催化效果具有重要影响。图 3.29 为 β-$NaYF_4$：Ho^{3+}@TiO_2-rGO 光催化剂用量对 RhB 的降解效果图。从图 3.29 可知，当光催化剂投加量为 0.15 g/L 时，β-$NaYF_4$：Ho^{3+}@TiO_2-rGO 光催化剂对 RhB 的降解效率最大，10 h 脱色率高达 95%，而光催化剂增加或者减少时 RhB 的降解效率均有所降低。当光催化剂投加量为 0.05 g/L 时，光催化降解效率仅为 69%。此时，整个体系溶液中 β-$NaYF_4$：Ho^{3+}@TiO_2-rGO 光催化剂的浓度较低，光能未被充分利用，因而对 RhB 的脱色率较低。当催化剂的投加量增加至 0.10 g/L 时，光催化降解效率上升至 87%，效率明显增强。当光催化剂的用量继续增加至 0.20 g/L 时，对 RhB 的脱色率略微下降至 86%，这是由于催化剂过量会引起光透性变差，另外也容易造成光散射，导致体系对 RhB 的脱色率下降。而当催化剂的投加量为 0.30 g/L 时，光催化降解效率进一步降低至 68%，说明光散射进一步增强。因此，本研究采用的三元复合催化剂的最佳投加量为 0.15 g/L。

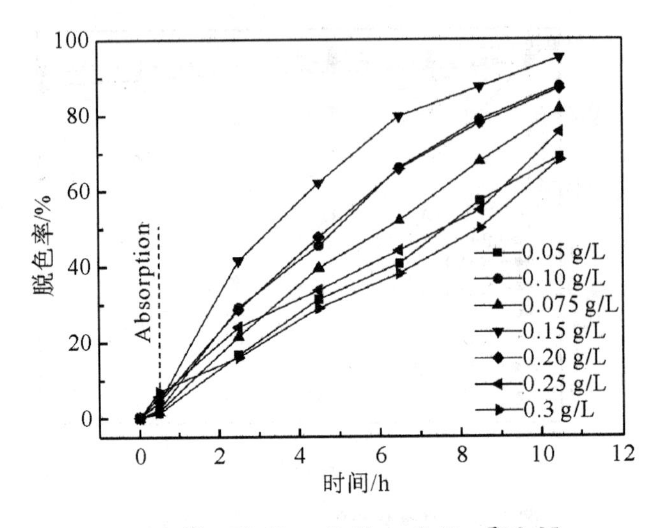

m_{cata} = 0.05 g、0.10 g、0.15 g、0.20 g 和 0.25 g

图 3.29　不同光催化剂用量下脱色率与反应时间关系曲线

②底物初始浓度对光催化活性的影响

图 3.30 显示在不同初始浓度下 β-$NaYF_4$：Ho^{3+}@TiO_2-rGO 光催化剂对 RhB 的脱色效果图。结果表明，随 RhB 初始浓度的增加，脱色效率逐渐下降。初始浓度从 4.0 mg/L 增大至 9.0 mg/L 时，光照 10 h 对 RhB 的脱色效率由 100%下降至 87%。当初始浓度较低时，催化剂处于过量状态，此时增大底物浓度有利于整体脱色率的提升，即光能利用率提高；在初始浓度较高时，催化剂过量，此时光能利用最大化，而超量的催化剂不仅不能提升系统的 RhB 脱色效率，还会引起系统光透性变差，光散射增强，因此进一步降低了光催化活性。另外，光催化反应速率与自由基和目标污染物碰撞的几率有关。在初始浓度低时，随着浓度增加，碰撞几率增加，有利于脱色率的提升，但达到一定浓度时，往往会因为降解过程中中间产物与活性位点结合，导致脱色率降低。

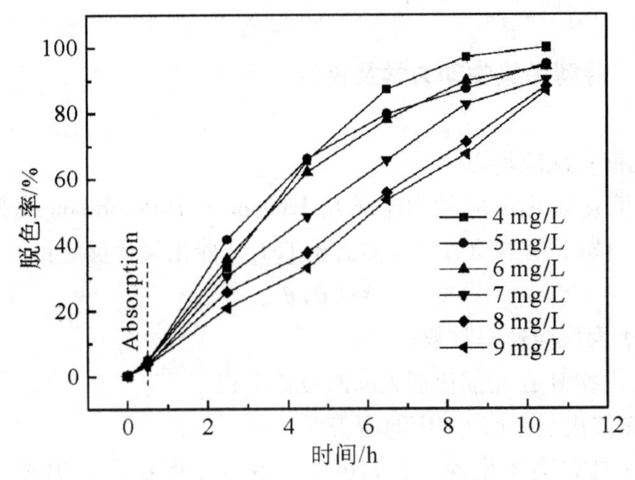

C_0 = 4.0 mg/L、5.0 mg/L、6.0 mg/L、7.0 mg/L、8.0 mg/L 和 9.0 mg/L

图 3.30 不同底物浓度时脱色率与反应时间关系曲线

③光照强度对光催化活性的影响

图 3.31 是不同光强下 β-$NaYF_4$：Ho^{3+}@TiO_2-rGO 三元光催化剂对 RhB 的脱色效果图。结果表明，光照强度与三元催化剂的效率息息相关，当光照强度增大时，光催化剂 β-$NaYF_4$：Ho^{3+}@TiO_2-rGO 对 RhB 的脱色率呈上升趋势，光照强度为 100 600 lx 时，催化剂在光照射下 6h 即可实现完全脱色，而当光强变为 40 700 lx 时，6h 脱色率仅为 64%。当光强增加，光子能量加剧，与催化剂碰撞的几率增大，导致整个反应体系增强。另外随着光强增大，透光性也越来越强，也有利于催化反应的发生。

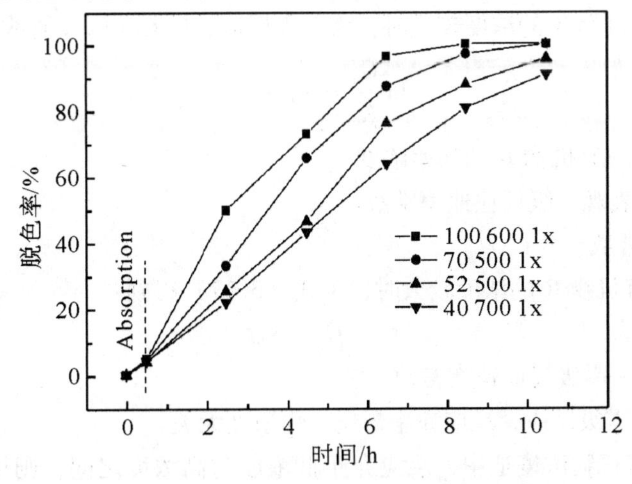

E = 100 600 lx、70 500 lx、52 500 lx 和 40 700 lx

图 3.31 不同光照强度下脱色率与反应时间关系曲线

3.4.3 降解污染物动力学及模型

(1) 光催化反应动力学

TiO_2光催化氧化反应动力学采用 Langmuir-Hinshelwood 模型。研究表明，我们可用如下基本动力学方程描述TiO_2光催化氧化反应：

$$r = k\,\theta_R\,\theta_{OH} \tag{3.15}$$

式中，k 为表面反应速率常数；

θ_R 为有机物 R 在光催化剂表面的覆盖率；

θ_{OH} 为光催化剂表面 · OH 的覆盖率。

因 · OH 具有强氧化性，我们可假设其处于假稳态，则式（3.15）可写为：

$$r = k\,\theta_R \tag{3.16}$$

上式可变成 Langmuir-Hinshelwood 动力学方程

$$\frac{1}{r} = \frac{1}{k\,K_R} \times \frac{1}{C_R} \times \frac{1}{k} \tag{3.17}$$

式中：r 为反应体系的反应速率；

k 为有机物 Langmuir 速率常数；

K_R 为光催化剂表面 R 的吸附平衡常数；

C_R 为有机物 R 的浓度。

发生催化反应时，一般低浓度时为一级反应，高浓度时为零级反应。

①当有机物 R 的浓度较低时，为一级反应，In C_R与 t 呈直线关系：

$$\ln\frac{C_R}{C_0} = k_1 t + A \tag{3.18}$$

式中，C_0——有机物 R 的初始浓度

k_1——表观一级反应速率常数

A——常数

② 当有机物 R 的浓度较大时，由式（3.17）得到：

$$C_t = C_0 - K_0 t \tag{3.19}$$

式中，k_0——零级反应速率常数

此时为零级反应，反应速率与反应物浓度无关。

③ 当有机物浓度适中，反应介于低浓度与高浓度之间，则反应级数介于一级与零级之间。随着反应物浓度的增大，光催化反应由一级反应降为零级反应。

（2）三元光催化剂降解 RhB 动力学研究

① 光催化剂用量（m_{cata}）的影响

将光催化剂投加量结果进行处理，并作（C_0-C_t）$-t$ 曲线图，见图 3.32。由图 3.32 可知，（C_0-C_t）与反应时间 t 呈线性关系，故该反应为零级动力学反应。而且体系中的反应速率随着催化剂的投加量增加先增大后减小。当催化剂在最佳浓度之前时，由于反应体系催化剂较少，增大催化剂的量可增加自由基的数量，而当催化剂在最佳浓度之后，随着体系内催化剂的过量，会导致体系透光性降低，发生光散射。

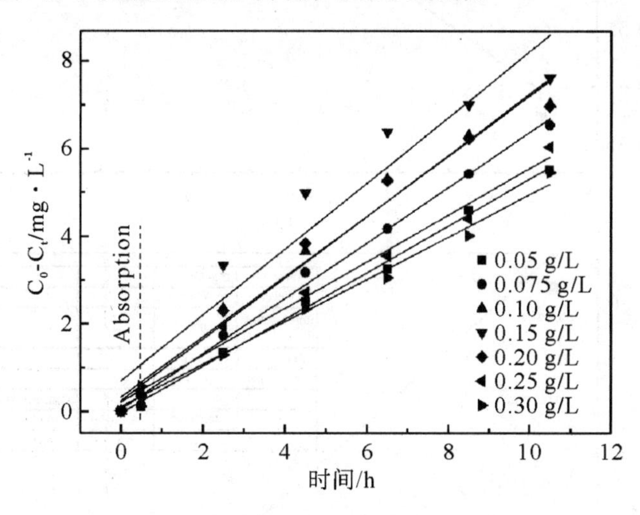

图 3.32　不同光催化剂投加量时 RhB 的降解率

为了考察 Rh*B* 降解动力学常数 k_R 受催化剂投加量 m_{cata} 的影响，设：

$$k_R = k_1\, m_{\text{cata}}^{b} \tag{3.20}$$

$$\ln k_R = \ln k_1 + b\ln m_{cata} \tag{3.21}$$

以 $\ln k_R$-$\ln m_{\text{cata}}$ 作图，如图 3.33 所示：

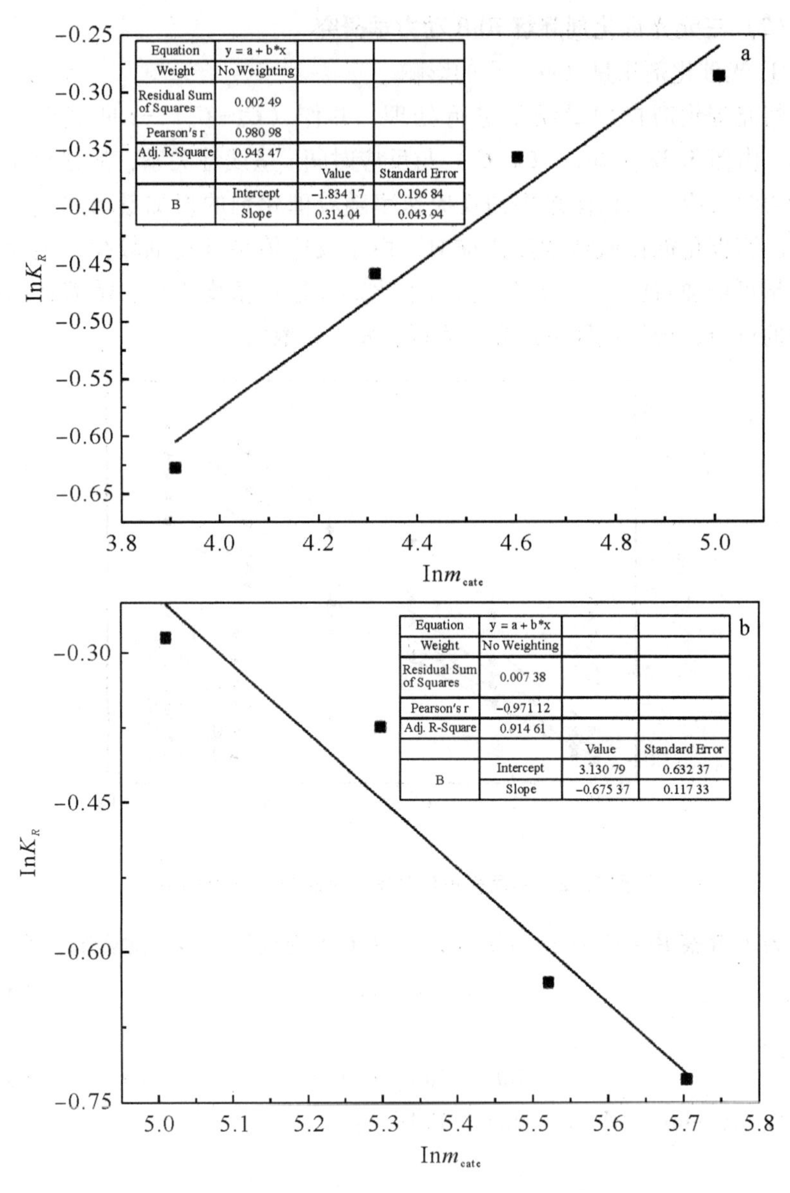

图 3.33 $\ln k_R$与$\ln m_{cata}$之间的关系

因此,

$$k_R = 0.159\ 75\ m_{cata}^{0.314\ 04} (50\ mg \le m_{cata} \le 150\ mg) \tag{3.22}$$

$$k_R = 22.892\ 06\ m_{cata}^{-0.675\ 37} (150\ mg \le m_{cata} \le 300\ mg) \tag{3.23}$$

② 底物初始浓度（C_0）的影响

（C_0-C_t）与反应时间 t 呈线性关系（见图 3.34），故该反应为零级动力学反应。结果表明，随着底物浓度的增加，反应速率逐渐减小，这是因为底物浓度较高时光透性较差，并且反应生成的中间产物会干扰反应的进行，从而导致降解速率降低。

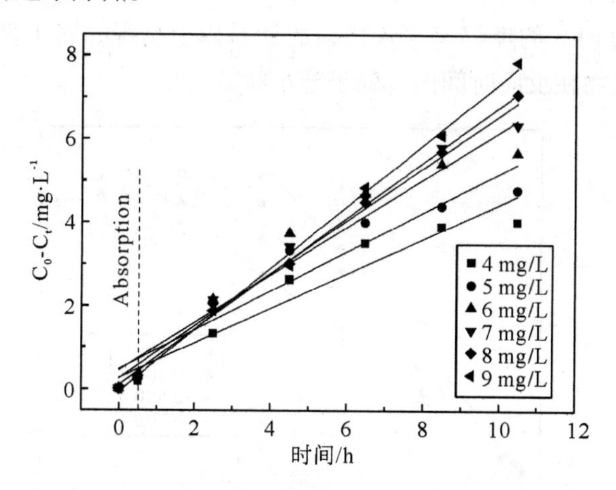

图 3.34　不同底物浓度时 RhB 的降解率

以 $\ln k_R-\ln C_0$作图，如图 3.35 所示：

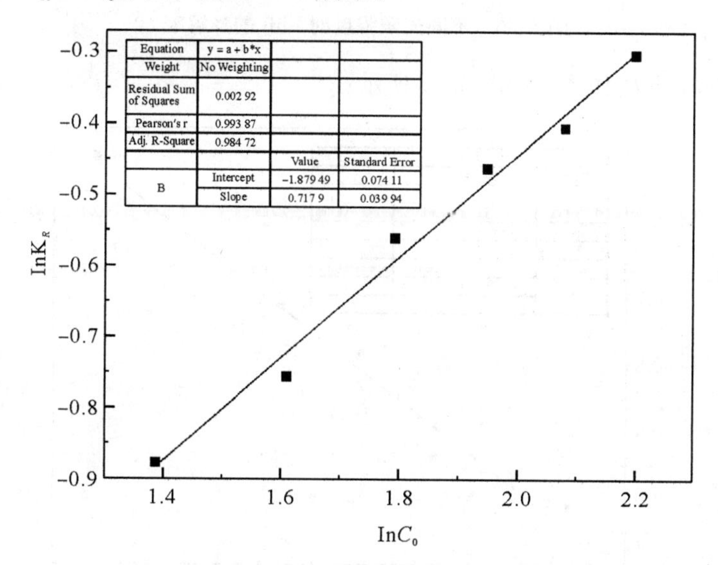

图 3.35　$\ln k_R$和 $\ln C_0$的关系曲线关系

因此，

$$k_R = 0.15267\,C_0^{0.7179}\quad(4\ \mathrm{mg/L} \le C_0 \le 9\ \mathrm{mg/L}) \tag{3.24}$$

③ 光照强度（E）的影响

（C_0-C_t）与反应时间 t 呈线性关系（见图 3.36），故该反应为零级动力学反应。光照强度为 100 600lx 和 70 500lx 时，反应条件较佳，光照强度较大，导致底物 RhB 的降解速率较快，故针对以上情况，对上两组数据进行处理，使得底物在反应时间内，处于充足状态。

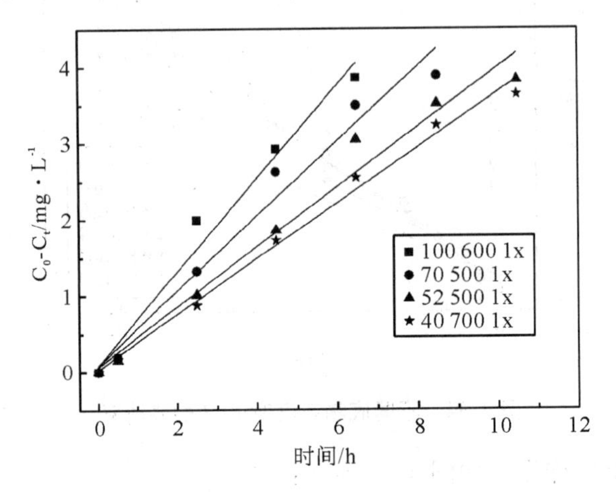

图 3.36　不同光照强度时 RhB 的降解率

以 $\ln k_R$-$\ln C_0$ 作图，如图 3.37 所示：

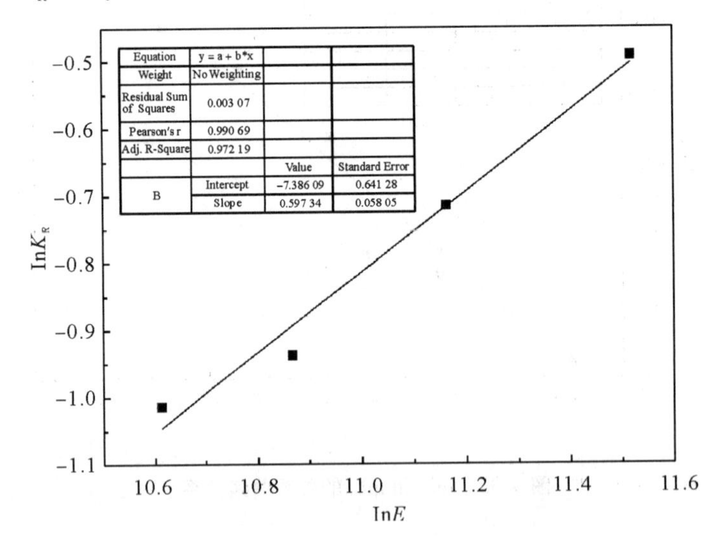

图 3.37　$\ln k_R$ 与 $\ln E$ 之间的关系

因此，

$$k_R = 0.00062\,E^{0.59734}(40\,700\ lx \le E \le 100\,600\ lx) \tag{3.25}$$

(3) RhB 光催化降解总反应动力学模型

结合以上结果，光催化反应动力学速率常数 k 受光催化剂用量（m_{cata}）、底物的初始浓度（C_0）和光照强度（E）三个因素的影响，本研究将反应速率写成式（3.14）所示的幂指数方程形式。其结果可将总模型表示如下：

$$\begin{cases} k_R = \varepsilon\, m_{cata}^{0.31404}\ C_0^{0.7179}\ E^{0.59734} \\ (50mg \le m_{cata} \le 150mg,\ 4mg/L \le C_0 \le 9mg/L,\ 40\,700lx \le E \le 100\,600lx) \\ k_R = \delta\, m_{cata}^{-0.67537}\ C_0^{0.7179}\ E^{0.59734} \\ (150mg \le m_{cata} \le 300mg,\ 4mg/L \le C_0 \le 9mg/L,\ 40\,700lx \le E \le 100\,600lx) \end{cases} \tag{3.26}$$

通过联立方程式 3.22-3.24，可计算出 ε 和 δ 的系数分别为 3.96993×10^{-7} 和 5.68888×10^{-5}，将系数带入式子 3.26 可得出光催化降解 RhB 总反应动力学方程式如下：

$$\begin{cases} C_R = C_0 - 3.96993\times10^{-7} m_{cata}^{0.31404}\ C_0^{0.7179}\ E^{0.59734} \\ (50mg \le m_{cata} \le 150mg,\ 4mg/L \le C_0 \le 9mg/L,\ 40\,700lx \le E \le 100\,600lx) \\ C_R = C_0 - 5.68888\times10^{-5} m_{cata}^{-0.67537}\ C_0^{0.7179}\ E^{0.59734} \\ (150mg \le m_{cata} \le 300mg,\ 4mg/L \le C_0 \le 9mg/L,\ 40\,700lx \le E \le 100\,600lx) \end{cases} \tag{3.27}$$

从式（3.15）可知在光催化反应降解 RhB 体系中，反应因素对整个体系的影响强弱顺序为：催化剂投加量较低时，底物初始浓度（C_0）>光照强度（E）>光催化剂用量（m_{cata}）；催化剂投加量较高时，底物初始浓度（C_0）>光催化剂用量（m_{cata}）>光照强度（E）。

3.4.4 材料的稳定性评价

为考察光催化剂实际应用能力，我们对其进行了稳定性测试。图 3.38（a）为 β-$NaYF_4$：Ho^{3+}@TiO_2-rGO 三元复合光催化剂在可见光照射下循环 4 次的光催化活性。由图 3.38（a）可知，经过 4 次反复光照后，样品的催化活性没有明显降低，仅从最初的 92%下降至 81%，并趋于稳定。这说明复合材料催化剂在重复过程中稳定性和重复性较好。从图 3.38（b）的 SEM 图可知，经过 4 次循环后，石墨烯表面上仍负载较多的 TiO_2，这是由于石墨

烯和 TiO_2 之间是以化学键的形式复合，相对于物理吸附具有较强的稳定性，同时还发现 β-$NaYF_4$：Ho^{3+} 材料表面的 TiO_2 量在减少，这可能是由回收过程中的强烈物理作用所引起的，从而导致整个体系的光催化能力有所降低。

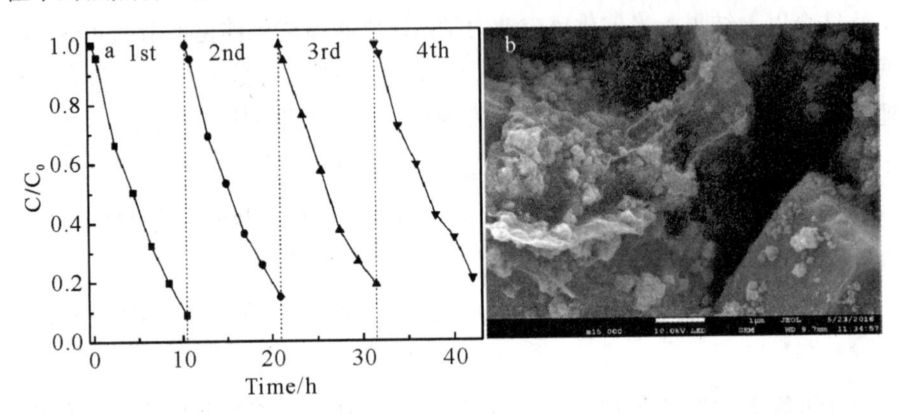

图 3.38 (a) β-$NaYF_4$：Ho^{3+}@TiO_2-rGO 降解 RhB 循环实验；(b) 重复四次后扫描电镜图

3.5 小结

本章通过复合上转换材料实现可见光下催化，以少层或者单层 rGO 二维片状结构作为基底，实现电子和空穴的高效分离。本研究通过水热法制备了稀土离子 Ho^{3+} 单掺的上转换发光材料 β-$NaYF_4$：Ho^{3+}，采用溶胶凝胶法制备了 β-$NaYF_4$：Ho^{3+}@TiO_2 核壳微晶光催化剂，通过紫外光照射还原 GO 制备出以 rGO 为基底的三元复合光催化剂。本研究通过对上转换材料、复合材料和三元光催化剂的表面形貌、物质组成、发光性质以及催化性能等方面的表征进行分析，得出的主要结论有：

① 上转换材料 β-$NaYF_4$：Ho^{3+} 呈六棱柱状，其长度约为 9.0 um，直径为 4.0 um，体系内 Ho 元素是以离子价态形式存在于基质材料 β-$NaYF_4$ 的晶格内，该结构有利于电子的激发和跃迁，从而实现能量的累积。β-$NaYF_4$：Ho^{3+}@TiO_2 复合光催化剂呈现明显的核壳结构，并且 TiO_2 壳的厚度大约为 50 nm。但 rGO 具有表现优异的片层二维结构，β-$NaYF_4$：Ho^{3+}@TiO_2-rGO 三元光催化剂体系内上转换材料和复合材料并没有因为 rGO 的引入发生形貌和结构改变。

② 上转换材料在可见光内有三个明显的吸收峰，分别在 450 nm、

532 nm和633 nm，在三个可见光激发下上转换材料、复合材料和三元复合物均产生上转换现象，其中在450 nm激发下发射出290 nm的高能紫外光，可激发TiO_2产生光催化现象。通过改变激发光功率确定该体系均发生的是两光子上转换现象。上转换产生的高能紫外光被TiO_2吸收利用，且体系内rGO的引入有利于提高光催化的效率。

③ 在三元复合体系内，紫外光的照射成功将GO还原成为rGO，而且在还原过程中TiO_2和rGO形式化学键Ti-C，有利于使TiO_2的吸收截面红移。实验结果表明在β-$NaYF_4$：Ho^{3+}@TiO_2-rGO中引入rGO可增强电子的转移能力，有利于抑制载流子的复合，并且rGO的引入使得体系的比表面积和孔径都有较大的提升，有利于有机污染物的吸附降解，增强光催化性能。

④ β-$NaYF_4$：Ho^{3+}@TiO_2-rGO对RhB溶液的脱色效果与光催化剂的投加量有关，当光催化剂投加量为0.15 g时，脱色效果最好，光照10h的RhB脱色率高达95%。而底物浓度与RhB溶液的脱色效果成反比。RhB浓度为4.0 mg/L时，脱色效果最好，光照10 h可实现完全脱色。光照强度增大时，光催化剂对RhB的脱色率呈上升趋势，光照强度为100 600 lx时，光照6h即可实现完全脱色。

⑤ β-$NaYF_4$：Ho^{3+}@TiO_2-rGO降解RhB符合Langmuir- Hinshelwood零级动力学方程。考虑光催化剂用量（m_{cata}）、底物的初始浓度（C_0）和光照强度（E）等影响因素对实验的影响，得出光催化剂降解RhB的总反应动力学模型为：

$$\begin{cases} C_R = C_0 - 3.96993 \times 10^{-7} m_{cata}^{0.31404} C_0^{0.7179} E^{0.59734} \\ (50\ \mathrm{mg} \le m_{cata} \le 150\ \mathrm{mg},\ 4\ \mathrm{mg/L} \le C_0 \le 9\ \mathrm{mg/L},\ 40\,700\ \mathrm{lx} \le E \le 100\,600\ \mathrm{lx}) \\ C_R = C_0 - 5.68888 \times 10^{-5} \mathrm{m}_{cata}^{-0.67537} C_0^{0.7179} E^{0.59734} \\ (150\ \mathrm{mg} \le \mathrm{m}_{cata} \le 300\ \mathrm{mg},\ 4\ \mathrm{mg/L} \le C_0 \le 9\ \mathrm{mg/L},\ 40\,700\ \mathrm{lx} \le E \le 100\,600\ \mathrm{lx}) \end{cases}$$

反应因素对脱色效果的影响强弱为：当催化剂投加量较低时，底物初始浓度（C_0）>光照强度（E）>光催化剂用量（m_{cata}）；当催化剂投加量较高时，底物初始浓度（C_0）>光催化剂用量（m_{cata}）>光照强度（E）。

参考文献

[1] QIN W, ZHWNG D, ZHAO D, et al. Near-infrared photocatalysis based on YF3：Yb^{3+}，Tm^{3+}/TiO_2 core/shell nanoparticles [J]. Chemical Communications, 2010, 46 (3): 2304-2306.

[2] KHALID N R, AHMED E, HONG Z, et al. Synthesis and photocatalytic properties of visible light responsive La/Tio_2/graphene composites [J]. Applied Surface Science, 2012, 263 (48): 254-259.

[3] DONG-XING XU, ZHENG-WEI LIAN, MING-LAI FU, et al. Advanced near infrared-driven photocatalyst: fabrication, characterization, and photo catalytic preformance of β-Na Y F4: Yb^{3+}, Tm^{3+}@ Tio_2, core@ shell micoocrystals [J]. Applied Catalysis B: Environmental, 2013, 142: 377-386.

[4] ALLAIN J Y, MONERIE M. Room temperature CW tunable green upconversion holmium fibre laser [J]. Electronics Letters, 1990, 26: 261-270.

[5] BURLOTLOSION R, POLLNAU M, KRMER K, et al. Laser-relevant spectroscopy and upconversion mechanism of Er^{3+} in Ba_2Ycl_7 pumped at 800nm [J]. Journal of the Optical Society of America B Optical Physics, 2000, 17 (12): 2055-2067.

[6] ZHANG Y, TANG Z R, FU X, et al. TiO_2-graphene nanocomposites for gas-phase photocatalytic degradation of volatile aromatic pollutant: is TiO_2-graphene truly different from other TiO_2-carbon composite materials? [J]. ACS Nano, 2010, 4 (12): 7303-7315.

[7] WANG D, CHOI D, LI J, et al. Self-assembled TiO_2-graphene hybrid nanostructures for enhanced Li-ion insertion[J]. ACS Nano, 2009, 3 (4): 907-914.

4 双掺二元复合上转换催化剂

4.1 材料的制备与表征

4.1.1 Pr^{3+}，Li^{+}双掺二元复合上转换催化剂制备

（1）双掺上转换材料的制备（β-$NaYF_4$：Pr^{3+}，Li^{+}）

本研究采用水热法制备β-$NaYF_4$：Pr^{3+}，Li^{+}。分别称取适量的Y_2O_3、Li_2O、Pr_6O_{11}溶解于适量HCl中，配制成0.1mol/L YCl_3，0.1mol/L LiCl和0.01mol/L $PrCl_3$。称取适量NaF溶解于去离子水中配制成0.5mol/L的NaF溶液。分别取适量摩尔比的YCl_3、$PrCl_3$和LiCl混合并搅拌均匀，加入1mmol EDTA（0.292g），搅拌30 min。加入18 mLNaF溶液，用$NH_3 \cdot H_2O$调节pH至8.5~9.0，剧烈搅拌1h。将反应液转入100 mL水热反应釜，200 ℃下反应24 h。自然冷却至室温，用无水乙醇和去离子水交替清洗3次。最后，将所得固体于60 ℃下烘干，得到上转换材料β-$NaYF_4$：Pr^{3+}，Li^{+}。制备流程图见图4.1。

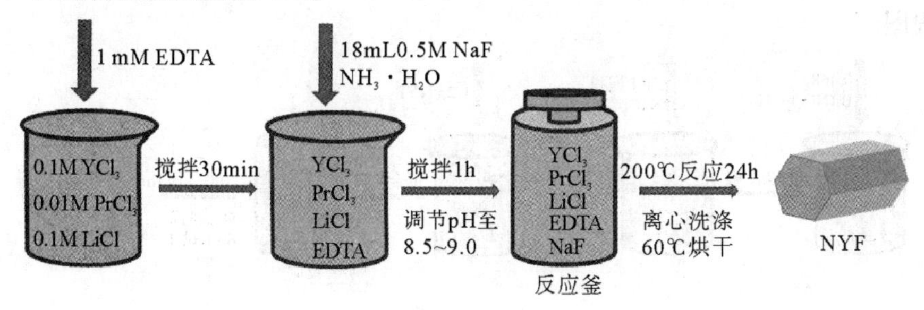

图4.1 NYF的制备流程

(2) 双掺二元复合上转换催化剂 β-$NaYF_4$: Pr^{3+}, Li^+@ TiO_2

本研究采用溶胶凝胶法制备 β-$NaYF_4$: Pr^{3+}, Li^+@ TiO_2。首先形成前驱体 A 和 B。前驱体 A：称取 0.2 g 上转换材料 β-$NaYF_4$: Pr^{3+}, Li^+于 200 mL 无水乙醇中超声分散 15 min，再加入 2.7 mL 钛酸丁酯（TBOT）剧烈搅拌 30 min。前驱体 B：将 3.0 mLH_2O 和 20.0 mL 无水乙醇混合均匀。在强烈搅拌下，将前驱体 B 以约 1 mL/min 的滴加速度逐滴滴入到前驱体 A 中。继续搅拌 12 h 后于 60 ℃下烘干。最后，将所得到的固体材料于 450 ℃下煅烧 2 h，控制升温速度为 2 ℃/min，煅烧后冷却至室温即得到核壳结构 β-$NaYF_4$: Pr^{3+}, Li^+@ TiO_2。图 4.2 为 NYF-Ti 的制备流程图。

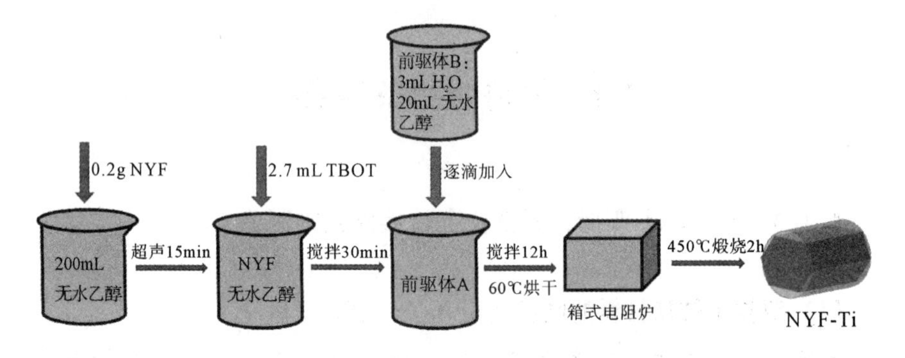

图 4.2 NYF-Ti 的制备流程

(3) 双掺二元复合上转换催化剂（β-$NaYF_4$: Pr^{3+}, Li^+@ BiOCl）

本研究采用水热合成法制备 β-$NaYF_4$: Pr^{3+}, Li^+ @ BiOCl。首先将 0.486 g Bi $(NO_3)_3 \cdot 5H_2O$溶解于 25 mL、0.1 mol/L 的甘露醇溶液中，完全溶解后，加入 5 mL 饱和 NaCl 溶液，形成悬浊液。然后，向悬浊液中加入 1.3 g β-$NaYF_4$: Pr^{3+}, Li^{3+}，搅拌混合均匀后，转移至 50 mL 反应釜，120 ℃下反应 3 h。冷却至室温后，采用超纯水和无水乙醇交替清洗 3 次，于 60 ℃下烘干，即可得到核壳结构杀菌材料 NYF-Bi。图 4.3 为 NYF-Bi 的制备流程图。

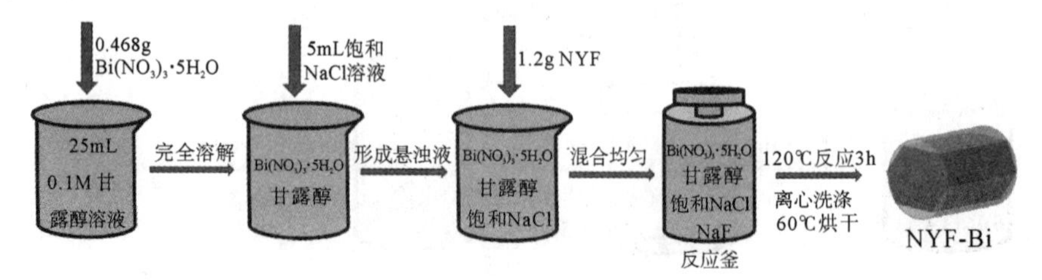

图 4.3 NYF-Bi 的制备流程

4.1.2 上转换催化材料制备表征

（1）X 射线衍射图谱表征（XRD）

采用 X 射线衍射仪对所制备的杀菌材料进行晶体结构测试。以 CuKα 为射线源（$\lambda = 1.540\ 5$ Å），功率为 3 kw，扫描范围为 10°~80°。

（2）X 射线光电子能谱表征（XPS）

采用 X-射线光电子能谱仪对杀菌材料的组成结构与表面化学价态进行分析。以 Al Kα 为 X 射线源，步长为 0.05 eV。

（3）扫描电子显微镜表征（SEM）

采用场发射扫描电镜对上转换材料和复合光催化材料的形貌结构进行分析，放大倍数为 30~300 k，并利用其配套的 X-射线能量散射光谱（EDS）对材料的元素种类进行定性和半定量分析。为提高材料的导电性，在测试前采用离子溅射仪对试样表面进行喷金处理。

（4）透射电子显微镜表征（TEM）

采用透射电镜表征所制备的杀菌材料的形貌，透射电镜的最大放大倍数约为 100 万倍，自带相机，并利用其配套的 X-射线能量散射光谱（EDX）对复合材料进行线扫，对复合杀菌材料的核壳结构进行进一步验证。

（5）紫外-可见漫发射光谱表征（UV-Vis/DRS）

采用紫外可见分光光度计对杀菌材料的光学性能进行表征。以 $BaSO_4$ 作为参比，扫描波长范围为 190~1 100 nm，波长移动为 4 500 nm/min。

（6）光致发光光谱表征（PL）

采用 Fluorolog-3 荧光光谱仪对材料进行荧光发射光谱分析。荧光光谱仪以 450 W 的氙灯为光源，激发波长为 444 nm。

（7）电子顺磁共振（EPR）

采用电子顺磁共振谱仪，分析杀菌材料的自由基产生情况。在测试过程中以高压汞灯耦合 420 nm 截止滤波片作为光源，以 DMPO（二甲基吡啶 N-氧化物）的水溶液和 DMPO 的甲醇溶液作为 ·OH 和 $\cdot O_2^-$ 的捕获剂。分别在黑暗条件下，光照 5 min 和光照 10 min 时进行自由基信号的测试。

（8）电化学分析（TPD、EIS）

材料的光电化学性能表征利用电化学工作站完成，表征的过程在自制的三电极体系中完成（常温常压）。

光电流测试条件：三电极系统（对电极：铂电极；参比电极：饱和甘汞；工作电极：制备样品）。底液：0.5M Na_2SO_4 溶液。偏压：0V（vs

NHE)。光照时间间隔：30 秒（开灯 30 秒，关灯 30 秒），4 个循环以上。光源：300 W 的氙灯耦合 420 nm 截止滤光片。

EIS 测试条件：频率范围 0. 1Hz～100KHz。测试底液：铁氰化钾溶液。

4. 1. 3 杀菌效果评价

(1) 菌悬液的配制

在波长为 600 nm 时，菌液中菌体密度与该波长下的吸光度值在一定的范围内存在线性关系，本研究正是利用这种线性关系配制特定浓度的菌悬液。首先用麦氏比浊管将已经在营养琼脂培养基中培养 16h 的菌种配制成浓度约为 10^{10}CFU/mL 的菌悬液，将其分别稀释到 10^{10}CFU/mL、7.5×10^{9}CFU/mL、5×10^{9}CFU/mL、10^{9}CFU/mL、10^{8}CFU/mL、10^{7}CFU/mL。在 600 nm 下分别测试各个菌悬液浓度的吸光度，再将各个浓度的菌悬液进行平板计数从而测定其真实的浓度，作吸光度关于菌液浓度的标线，如图 4. 4 所示。后续杀菌实验的菌悬液浓度按照标准曲线上对应的吸光度进行确定。本操作中用到的所有仪器都采用高温蒸汽灭菌锅在 125 ℃下灭菌 20 min。

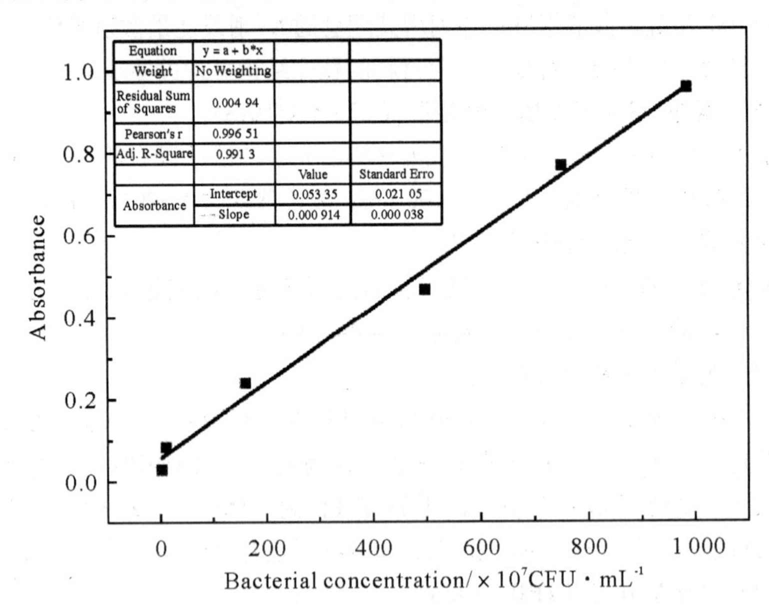

图 4. 4 菌悬液浓度和吸光度的标准曲线

(2) 杀菌实验

① 实验装置

杀菌实验装置为上海某仪器有限公司生产的光反应仪，型号为 YM-GHX-V，其主体示意图如图 4.5 所示。反应时采用的容器为 200 mL 圆底玻璃器皿，反应过程中，菌悬液体积为 100 mL。仪器配备一个波长为 365~1 100nm的氙灯，进行杀菌实验时安装 420 nm 滤光片过滤紫外光。氙灯的光照强度可通过调节反应仪的功率进行调节。我们通过仪器自带的转子和旋转台使反应管均匀受到光照。同时，光反应仪配备冷凝循环水箱，在给氙灯降温的同时可保证进行杀菌实验时仪器内的温度一直处于恒温状态（25 ℃）。本操作中用到的所有仪器都采用高温蒸汽灭菌锅在 125 ℃下灭菌 20 min。

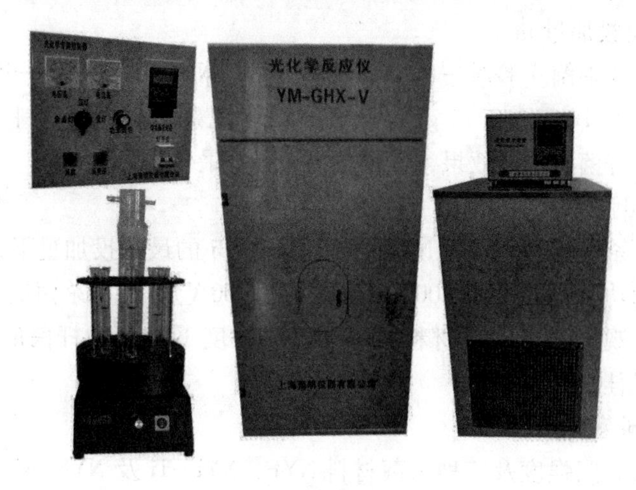

图 4.5　光反应仪

② 杀菌实验

取已经在营养琼脂培养基中培养 16 h 的菌种配制 10^8 CFU/mL 的菌悬液，取 4 组 1mL 配制好的菌液分别加入 99 mL 灭菌生理盐水中，其中 3 组分别加入适量杀菌材料 NYF、NYF-Bi 和 NYF-Ti，剩余 1 组不添加任何材料作为空白对照。将上述四组菌悬液置于光反应器中在氙灯下进行杀菌实验，安装 420 nm 滤光片过滤紫外光，电流调节为 10 A，通过调节电压对功率即光照强度进行调节，同时打开冷凝水箱保持光反应仪内部温度为 25 ℃。分别在 10 min、20 min、30 min、60 min、120 min 和 180 min 时取样。每组实验设置三个平行样品。本操作中用到的所有仪器都采用高温蒸汽灭菌锅在 125 ℃下灭菌 20 min。

③ 平板计数法

按照连续稀释法对杀菌过程中取的样品稀释到一定浓度梯度后，取0.1mL样品，将其均匀涂布在营养琼脂培养基上进行培养。每个样品设置三个梯度范围，每个梯度设置三个平行样品。在37℃恒温箱中倒置培养24 h后进行计数。本操作中用到的所有仪器都采用高温蒸汽灭菌锅在125 ℃下灭菌20 min。

（3）杀菌效果影响参数

在杀菌实验过程中，实验参数对杀菌效果有着较显著的影响。本研究采用单因素实验分别考察杀菌材料投加量m、光照强度E、不同菌种及菌悬液中的共存离子四个因素对杀菌效果的影响效果。

① 材料投加量m

通过改变杀菌实验时三种杀菌材料NYF、NYF-Ti及NYF-Bi的投加量（0.05 g/L、0.1 g/L、0.15 g/L、0.2 g/L），观察测定三种材料在不同投加量下对大肠杆菌的杀菌效果，比较得出材料的最佳投加量。

② 光照强度E

在三种杀菌材料NYF、NYF-Ti及NYF-Bi的最佳投加量下，通过改变光反应仪的功率（400W、600W、800W、1 000W），调整杀菌实验中的光照强度。通过观察测定三种材料在不同光照强度下对大肠杆菌的杀菌效果，比较得出最佳光照强度。

③ 不同菌种

在最佳光照强度及三种杀菌材料NYF、NYF-Ti及NYF-Bi的最佳投加量下，通过改变细菌种类（大肠杆菌、金黄色葡萄球菌、志贺氏菌和沙门氏菌），观察测定三种材料对不同菌种的杀菌效果。

④ 共存离子

在最佳光照强度及三种杀菌材料NYF、NYF-Ti及NYF-Bi的最佳投加量下，通过改变菌悬液中存在的阴离子，探究三种杀菌材料在常见阴离子（Cl^-、SO_4^{2-}和NO_3^-）存在下对大肠杆菌的杀菌效果。

本研究还采用循环杀菌实验探究了材料的可回收性和稳定性。我们将杀菌后的材料离心分离出来，放入高温蒸汽灭菌锅，在125 ℃下灭菌20 min。用超纯水和无水乙醇分别洗涤三次，置于60 ℃烘箱中烘干后再次进行杀菌实验。循环四次，对每次循环利用后的杀菌效率进行探究，并采用XRD及SEM表征对四次循环后的材料进行结构形貌的表征。

4.2 双掺二元复合上转换催化剂性能

4.2.1 晶体结构分析

图4.6为所制备的三种杀菌材料NYF、NYF-Bi以及NYF-Ti的XRD图谱。从图4.6中可以看到，三个样品的XRD图谱峰形均较为良好。将所制备的NYF与对应的标准卡JCPDS 16-0334（六角相β-$NaYF_4$）进行对比可知，NYF在17.2°、30.1°、30.8°、39.7°、43.5°、53.3°及53.8°等位置出现了明显的衍射峰，这些衍射峰峰形尖锐，没有杂峰，且能够与六角相β-$NaYF_4$的（100）、（110）、（101）、（111）、（201）、（300）及（211）晶面一一对应。这说明本研究采用水热法合成了高纯度的晶型良好的六角相β-$NaYF_4$。将NYF-Ti与标准卡JCPDS 16-0334（六角相β-$NaYF_4$）和JCPDS 21-1272（锐钛矿TiO_2）进行对比可以发现，NYF-Ti不仅拥有与NYF一一对应的衍射峰，其在25.3°、37.8°、38.6°、48.0°、53.9°及55.1°等位置的衍射峰还能够与锐钛矿TiO_2的（101）、（004）、（112）、（200）、（105）及（211）晶面一一对应。这说明本研究采用的溶胶凝胶法能够合成晶型良好的锐钛矿TiO_2，其与β-$NaYF_4$的复合既没有改变彼此的晶型，也没有在复合过程中形成杂质。同时，将NYF-Bi与标准卡JCPDS 16-0334（六角相β-$NaYF_4$）和JCPDS 06-0249（BiOCl）进行对比可知，NYF-Bi不仅能够与六角相β-$NaYF_4$的晶面一一对应，其在12.0°、25.9°、32.5°、33.4°、40.9°、49.7°、58.6°及60.5°等位置的衍射峰还能够与BiOCl的（001）、（101）、（110）、（102）、（112）、（200）及（212）晶面一一对应，没有杂峰。这说明本研究采用的水热法合成能够很好合成具有良好的晶型和高结晶度的复合材料NYF-Bi，且不改变两种材料的晶型。

另外，值得注意的是，NYF、NYF-Ti及NYF-Bi的XRD衍射峰中都没有观察到掺杂离子Pr^{3+}和Li^{+}的存在，我们推测Pr^{3+}和Li^{+}在NYF、NYF-Ti及NYF-Bi三种材料中是以离子状态分别存在于其晶格之中，并没有单独形成晶体，故无法用X射线检测到其衍射峰。当然，这一推测还需后续的XPS结果进行证实。

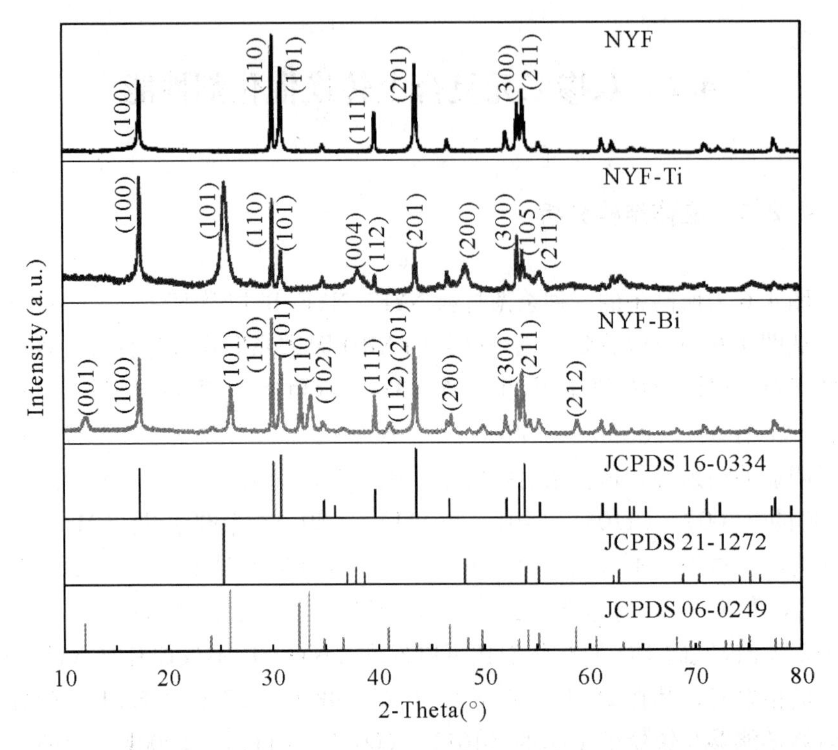

图 4.6 NYF、NYF-Ti、NYF-Bi 的 XRD 图谱及 β-$NaYF_4$（JCPDS 16-0334）、TiO_2（JCPDS 21-1272）、BiOCl（JCPDS 06-0249）的标准图谱

4.2.2 形貌分析

为进一步确定所制备出的三种杀菌材料 NYF、NYF-Ti 及 NYF-Bi 的形貌，以及确定 NYF-Ti 和 NYF-Bi 的复合模型是否为设想的核壳结构，本研究采用扫描电镜（SEM）和透射电镜（TEM）对材料的基本形貌和结构进行了表征，结果如图 4.7（a-b）所示。由图 4.7（a-b）可知，本研究利用水热法合成的 NYF 呈现出规则的六棱柱状，表面光滑，直径约 2~3μm，高约 3~5μm。已有研究表明，上转换材料的发光效率与基质材料的尺寸相关，基质材料的尺寸越大，其上转换效率越高。故通常认为，微米级结构 β-$NaYF_4$ 比其他纳米级 β-$NaYF_4$的上转换性能更加优越[1]。同时，由图 4.7（c）可知，本研究合成的 NYF 在透射电镜下呈现暗黑色六棱柱状，进一步说明其形貌为六棱柱状实心晶体。NYF-Ti 的形貌图如图 4.7（d-e）所示，从图中可以看出，采用溶胶凝胶法制备的 NYF-Ti 直径约为 2~3μm，高约为 3~

5μm，基本同NYF的尺寸一致。从形貌上看，复合杀菌材料NYF-Ti基本呈六棱柱状，表面TiO_2呈絮状，厚度较薄，一些均匀包裹在六棱柱状NYF表面，一些散落在NYF四周。同时从NYF-Ti的透射电镜图4.7（f）中可知，上转换材料NYF的核因其厚度较大，电子无法透过而呈现出暗黑色，而包裹在六棱柱NYF核表面的TiO_2壳由于厚度较薄而呈现浅色，这进一步证实了二元材料NYF-Ti为核壳复合结构，符合本实验一开始的构想和设计。图4.7（g-i）为水热法合成的二元复合材料NYF-Bi的扫描电镜图二和透射电镜图，由图可知NYF-Bi呈六棱柱状，尺寸与NYF相近。不同于NYF-Ti中呈絮状的TiO_2，复合材料NYF-Bi表面负载的BiOCl为二维薄片状，长宽约为0.1μm，均匀包裹在六棱柱状NYF表面。这表明水热法合成的二维杀菌材料NYF-Bi为核壳结构，符合实验的设计与构想。

图4.7 （a，b）NYF的SEM图谱；（c）NYF的TEM图谱；（d，e）NYF-Ti的SEM图谱；（f）NYF-Ti的TEM图谱；（h，i）NYF-Bi的SEM图谱；（j）NYF-Bi的TEM图谱

4.2.3 元素组成及离子价态分析

为进一步分析本实验制备的上转换材料NYF及复合杀菌材料NYF-Ti和NYF-Bi材料的元素组成、元素空间分布以及各材料中掺杂离子Pr^{3+}和

Li^+的存在形态，利用扫描电镜自带的能谱仪对三种杀菌材料 NYF、NYF-Ti 及 NYF-Bi 进行了元素面扫表征（SEM-EDS）。

图4.8为NYF的SEM-EDS面扫图谱，由图可以看出，采用水热法合成的六棱柱状NYF中含有Na，Y，F，Pr四种元素，这些元素均匀地分布在六棱柱状NYF材料中，这进一步表明本研究采用水热法成功地合成了六棱柱状上转换材料NYF，且Pr元素均匀地掺杂到六棱柱状NYF中。但由于Pr元素掺杂浓度较低，无法在元素分布图4.8（f）中观测到Pr元素的重量比。SEM-EDS分析只能检测到制备的NYF样品中含有Pr元素，不能明确表征其存在状态是否为离子态Pr^{3+}，故仍需进一步采用其他表征手段来证明NYF复合材料中的Pr元素的存在状态。同时，值得注意的是，Li元素由于相对分子质量太小，SEM-EDS无法对Li元素进行检测，故Li^+掺杂成功与否需要使用其他检测手段（如XPS）来证明。

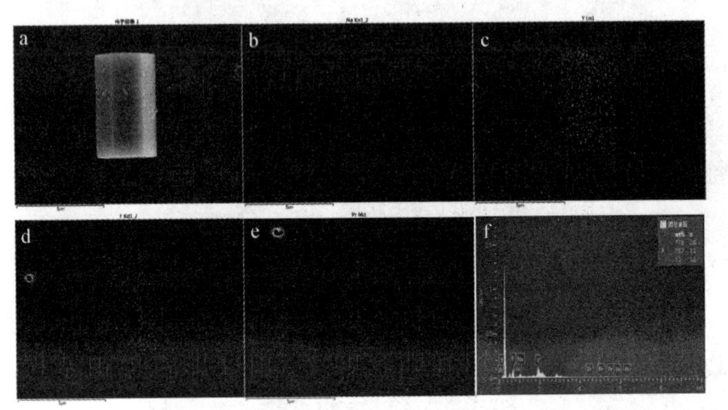

扫描二维码，
查看彩色大图

(a) NYF面扫区域；(b-e) Na、Y、F、Pr的元素分布；
(f) 各元素的质量分布。

图4.8 NYF的SEM-EDS面扫图谱

图4.9为NYF-Bi的SEM-EDS面扫图谱，结果表明，水热法合成的复合杀菌材料中含有Na，Y，F，Pr，Bi，O，Cl七种元素，这七种元素均匀分布在六棱柱NYF表面，且Bi，O及Cl元素的均匀分布可以说明表面的BiOCl均匀负载在六棱柱NYF表面，进一步证实了BiOCl作为外壳成功复合至上转换材料NYF的表面，形成核壳结构。

扫描二维码，
查看彩色大图

(a) NYF-Bi 面扫区域；
(b-h) Na、Y、F、Pr、Bi、O、Cl 的元素分布；
(i) 各元素的质量分布。

图 4.9　NYF-Bi 的 SEM-EDS 面扫图谱

图 4.10 为溶胶凝胶法制备的 NYF-Ti 的 SEM-EDS 面扫图谱，结果表明，所制备的复合材料中含有 Na，Y，F，Pr，Ti，O 六种元素，Ti 及 O 元素均匀分布在 NYF 表面，可以说明表面的 TiO_2 均匀负载在六棱柱 NYF 表面，进一步证实了 TiO_2 作为外壳成功复合至上转换核 NYF 的表面。

为进一步证实二元复合杀菌材料的核壳结构，本研究以复合材料 NYF-Bi 材料为例，采用 TEM-EDS 对复合材料 NYF-Bi 进行了线扫。图 4.11 展示了水热法合成的 NYF-Bi 的 TEM-EDS 的线扫结果，以图 4.11 (a) 中白线为基础，记录了复合材料 NYF-Bi 中 Y 元素［如图 4.11 (c)，代表复合材料中的 β-$NaYF_4$：Pr^{3+}，Li^{+}］和 Bi 元素［如图 4.11 (d)，代表复合材料中的 BiOCl］两种元素含量的变化趋势。对比图 4.11 (c) 和图 4.11 (d) 可以发现，在 0~1.0μm 范围，扫描过程从壳结构 BiOCl 慢慢移到核结构 β-$NaYF_4$上，Bi 元素较多而 Y 元素较少。在 1~2.5μm 范围，扫描过程主要在核结构 β-$NaYF_4$上，Bi 元素减少而 Y 元素增多。在 2.5~3μm 范围，扫描穿过核结构 β-$NaYF_4$继续移到壳结构 BiOCl 上，Bi 元素又开始增加而 Y 元素开始减少。这可以说明表面的 BiOCl 均匀负载在六棱柱 NYF 表面，进一步证实了 BiOCl 作为外壳成功复合至上转换材料 NYF 的表面。

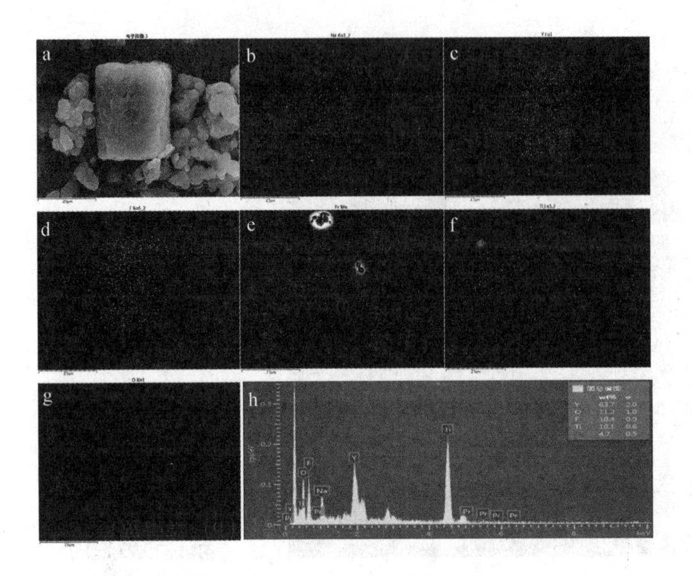

扫描二维码，
查看彩色大图

（a）NYF-Ti 面扫区域；
（b-g）Na、Y、F、Pr、Ti、O 的元素分布；
（h）各元素的质量分布。

图 4.10　NYF-Ti 的 SEM-EDS 面扫图谱

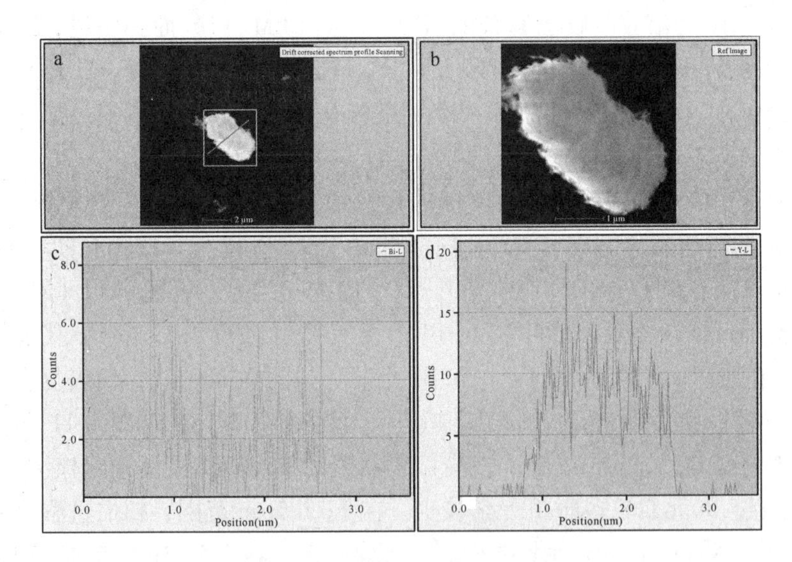

（a）线扫区域；（b）NYF-Bi 的 TEM 图；
（c）Bi 元素的线扫含量变化；
（d）Y 元素的线扫含量变化。

图 4.11　NYF-Bi 的 TEM-EDS 线扫结果

根据前文的 XRD、SEM 及 SEM-EDS 表征可以证明，本研究分别采用水热法成功合成了微米级六棱柱状上转换材料 β-$NaYF_4$，采用溶胶凝胶法成功制备了絮状 TiO_2包裹在六棱柱 β-$NaYF_4$核外的核壳结构复合杀菌材料 NYF-Ti，以及采用水热法成功合成了片状 BiOCl 包裹在六棱柱 β-$NaYF_4$核外的核壳结构复合杀菌材料 NYF-Bi。但其中作为上转换材料 NYF 的发光中心和敏化剂的掺杂离子 Pr^{3+}和 Li^+，其离子价态及存在状态尚需进一步证实。故本研究采用了 X 射线光电子能谱分析（XPS）对所合成的三种杀菌材料 NYF、NYF-Ti 及 NYF-Bi 中存在的元素进行定性分析，对掺杂离子 Pr^{3+}和 Li^+的状态进行表征分析。图 4. 12 为上转换材料 NYF 的 XPS 图谱，由全波谱图 4. 12（a）可以得出，水热法合成的上转换材料 NYF 中含有 Na、Y、F、Pr 和 Li 五种元素，与前文的 EDS 结果相符。另外，C 1s 峰（284. 65±0. 1eV）作为谱图的内部参考，通过 XPS peakfit 4. 1 软件对全波谱图进行分峰拟合可以得到上转换材料 NYF 中各个元素的特征峰，如图 4. 12（b-f）所示。图 4. 12（b）显示 Na 元素在结合能为 1 071. 65±0. 1eV 处存在一个单独的特征峰，对应于其内部的 Na 1s 能级，说明 Na 元素以 Na^+的状态存在。Y 元素在结合能为 160. 95±0. 1eV 和 159. 05±0. 1eV 处分别出现了峰值，分别对应于 Y $3d_{3/2}$和 Y $3d_{5/2}$两个能级，这说明复合材料中 Y 元素是以 Y^{3+}的状态存在。图 4. 12（d）为 F 元素的特征峰，从图中可以看出 F 元素在结合能为 685±0. 1eV 处有一个特征峰，对应于 F 1s 能级。除基质材料中含有的元素外，由图 4. 12（e）可知，在结合能为 933. 95 ±0. 1eV 处有一个特征峰，对应于 Pr 3d 能级，说明 NYF 中掺杂的 Pr 元素以 Pr^{3+}的状态存在。同时，在结合能为 55±0. 1eV 处可以发现 Li 元素的特征峰，对应于 Li 1s 能级，说明 Li 元素是以 Li^+的状态存在于上转换材料 NYF 中。值得注意的是，Pr 和 Li 元素的峰强度都较低且不明显，这是由于 Pr^{3+}和 Li^+在 NYF 中的掺杂浓度较低。该结构符合紫外上转换材料的结构构想，即 Pr^{3+}和 Li^+分别作为发光中心和敏化剂存在于基质材料 β-$NaYF_4$中，当其受到外界可见光源激发时，产生电子跃迁实现可见光向紫外光的转换。

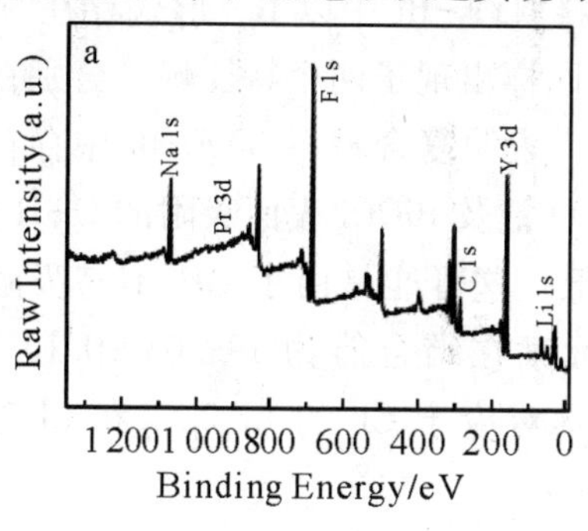

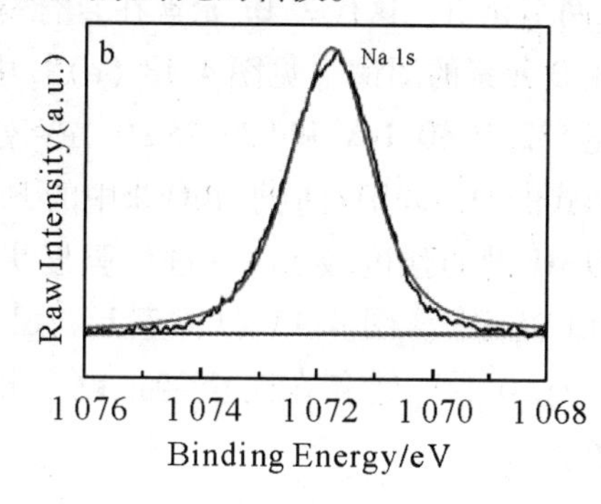

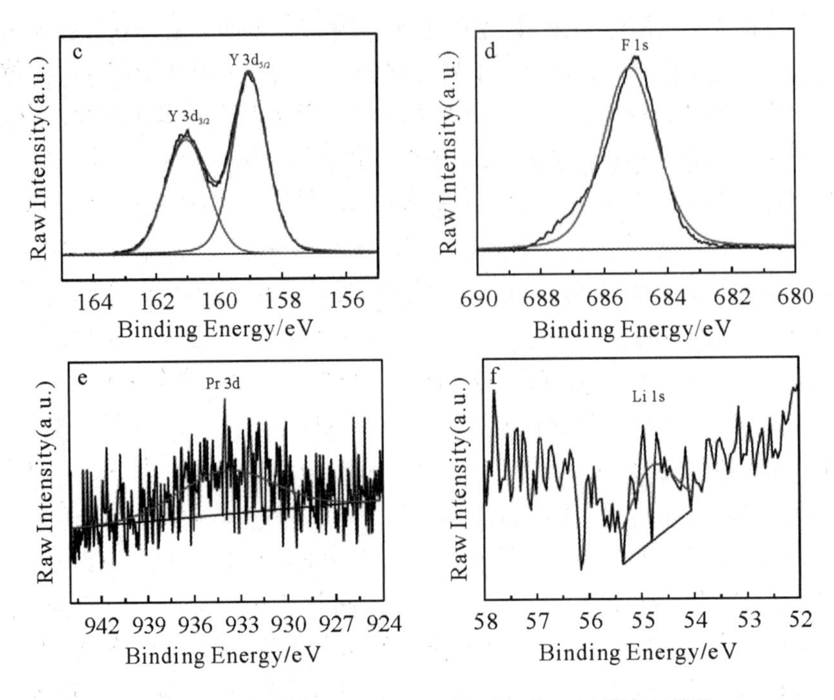

（a）NYF 的全波谱；（b-f）Na、Y、F、Pr、Li 的离子峰位。

图 4.12 NYF 的 XPS 图谱

图 4.13 为水热法合成的复合杀菌材料 NYF-Bi 的 XPS 表征图谱。由全波谱图 4.13（a）可知，复合材料中含有 Na、Y、F、Pr、Li、Bi、O 及 Cl 八种元素，与前文的 EDS 结果相符。以 C 1s 轨道的结合能（284.65±0.1eV）作为标准，对各元素进行分峰可分别得到各自的特征峰图谱。由图 4.13（b-c）可知，与 NYF 的 XPS 表征结果相同，复合材料 NYF-Bi 中的 Y 元素和 F 元素分别以 Y^{3+} 和 F^- 离子状态存在，说明 BiOCl 的复合没有改变核结构 NYF 的元素存在状态。Bi 元素在结合能为 284.65±0.1eV 和 284.65±0.1eV 处存在相对强度较大的峰［见图 4.13（d）］，分别对应 Bi $4f_{5/2}$ 和 Bi $4f_{7/2}$ 两个轨道，这代表 Bi 元素在复合材料 NYF-Bi 中以 Bi^{3+} 形式存在[2,3]。而在 O 元素的图谱［见图 4.13（e）］中同样出现了两个特征峰，分别在结合能 532.15±0.1eV 和 529.75±0.1eV 处，表明复合材料 NYF-Bi 中存在两种形式的 O，分别对应于 BiOCl 中的 Bi-O 键及 BiOCl 表面吸附的 O-H 键。而 O-H 键的强度较 Bi-O 键的强度更低，这可能是由于 OH 不易吸附于 BiOCl 表面[4]。图 4.13（f）显示，Cl 元素在结合能为 199.65±0.1eV 和 197.95±0.1eV 处存在两个特征峰，分别对应于 Cl^- 的 Cl $2p_{3/2}$ 和 Cl $2p_{1/2}$ 轨道。

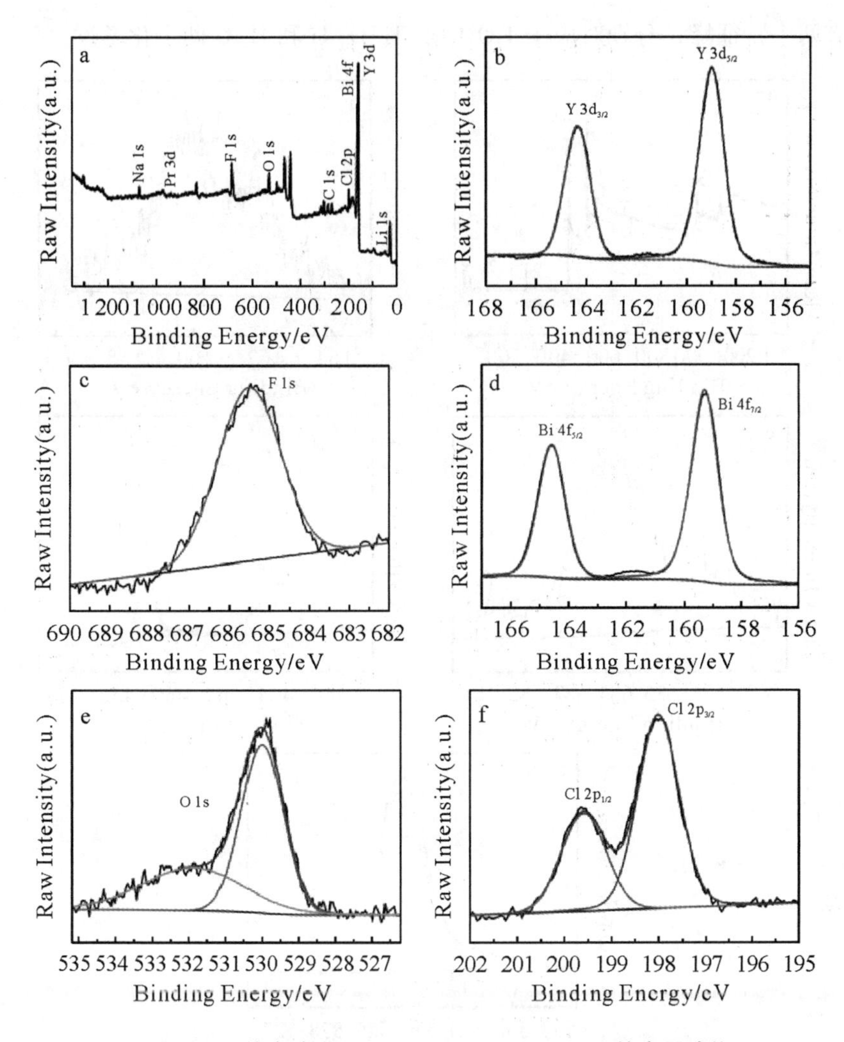

（a）NYF-Bi 的全波谱；（b-f）Y、F、Bi、O、Cl 的离子峰位。

图 4.13 NYF-Bi 的 XPS 图谱

图4.14为复合杀菌材料NYF-Ti的XPS表征图谱，由图4.14（a）可知该复合材料中含有Na、Y、F、Pr、Li、Ti和O七种元素，这与前文的EDS结果相符合。同时，Y元素和F元素分别以Y^{3+}和F^{-}的形式存在于上转换材料中，说明光催化材料TiO_2壳的负载没有改变上转换材料β-$NaYF_4$核的元素状态。图4.14（d）显示复合材料NYF-Ti中Ti 2p由两个峰组成，其结合能分别为464.35±0.1eV和458.55±0.1eV，对应的轨道分别为Ti $2p_{1/2}$和Ti $2p_{3/2}$，与文献报道的Ti元素特征峰一致[5]。与NYF-Bi的XPS图谱类似，NYF-Ti中O元素的特征峰分别在结合能为531.05±0.1eV和529.65±0.1eV

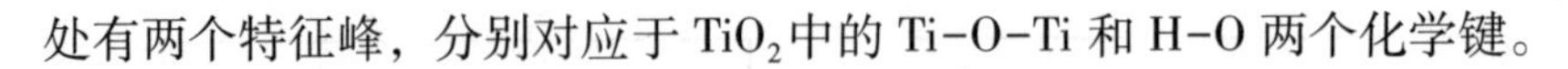

处有两个特征峰，分别对应于TiO_2中的 Ti-O-Ti 和 H-O 两个化学键。

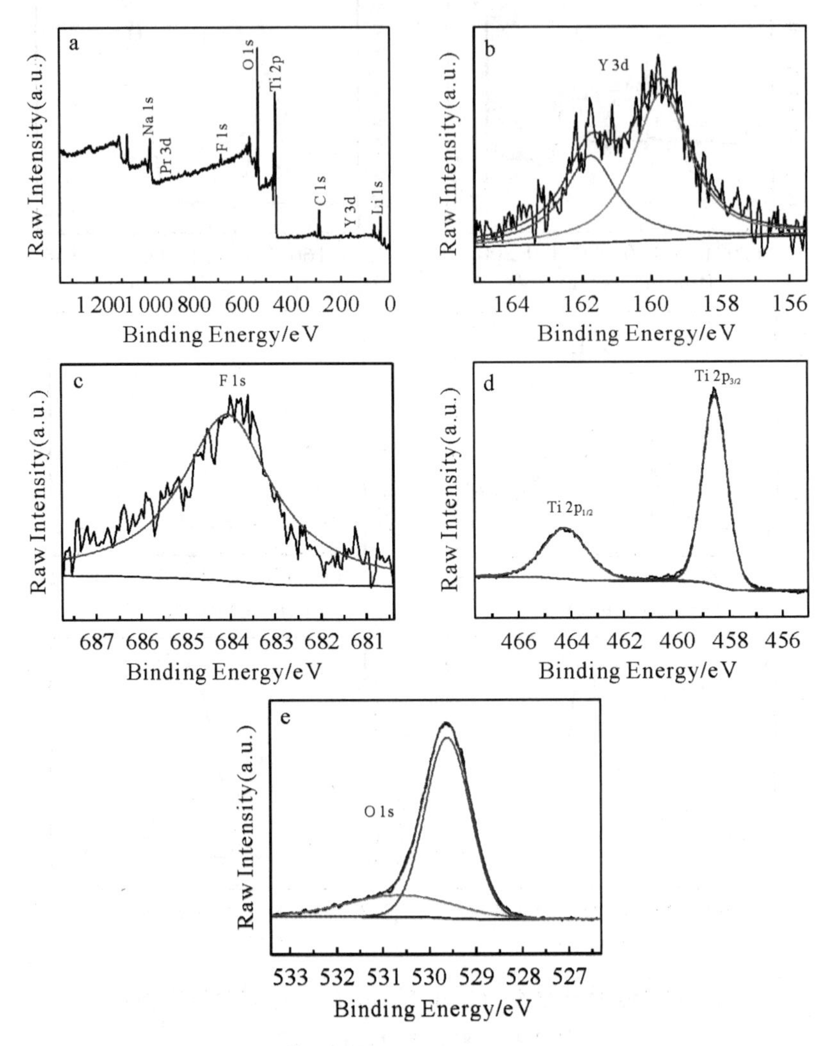

(a) NYF-Ti 的全波谱；(b-f) Y、F、Ti、O 的离子峰位。

图 4.14　NYF-Ti 的 XPS 图谱

4.2.4　光学性质分析

材料对光的吸收性能直接关系到本研究所制备的 NYF 上转换材料的发光性能，也直接影响到本研究所制备的复合光催化材料 NYF-Ti 和 NYF-Bi 的光催化杀菌性能。因此，本研究采用了紫外可见漫反射光谱对所制备的三种材料进行了表征，结果如图 4.15 所示。图 4.15（a）中的光谱结果表明，上转换材料在 200~800 nm 范围内都会吸光。复合 BiOCl 和 TiO_2后的 NYF-Ti 和 NYF-Bi 在紫外波段的吸光度明显增强，这主要归功于光催化材料 BiOCl 和 TiO_2对紫外光的强吸收性能。另外，复合材料 NYF-Ti 及 NYF-Bi 在可见光区的吸收明显强于上转换材料 NYF，说明 TiO_2和 BiOCl 的加入有利于整个杀菌材料对可见光的吸收，使复合材料的光学性能更加优越，有利于上转换过程与光催化杀菌过程。同时，NYF-Ti 的吸收带边和吸收强度明显强于 NYF-Bi，说明 NYF-Ti 的光学性能比 NYF-Bi 更好，则其光催化杀菌效果也更好。

半导体的能带结构及禁带宽度是决定其光催化性能的一个重要因素。据报道，半导体的吸光度和入射光子能量之间的关系可以用下述方程表示：

$$Ah\nu = C(h\nu - E_g)^{1/2} \tag{4.1}$$

其中 A，Eg，h，和 ν 分别代表了吸光系数，带隙能量，普朗克常数以及入射光频率，而 C 是常数[6,7]。因此材料的带隙能 Eg 就可以用（$Ah\nu$）^{2}与 $h\nu$ 的关系进行估算，如图 4.15（b）所示。由图 4.15（b）可知，NYF-Ti 的禁带宽度约为 2.53V，比 NYF-Bi 的 2.95eV 窄很多，这也进一步说明 NYF-Ti 的光催化性能即杀菌效果比 NYF-Bi 更优越。当然，这需要后面的杀菌实验进行进一步的验证。

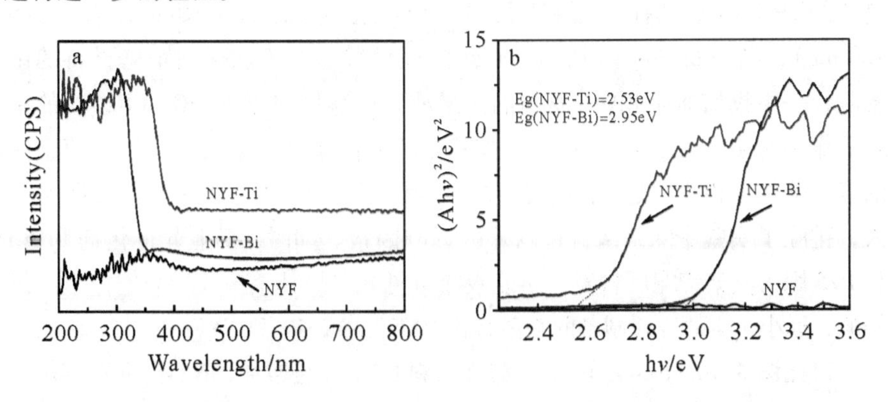

图 4.15 NYF、NYF-Ti 及 NYF-Bi 的（a）UV-Vis 图谱；（b）禁带宽度

4.3 双掺二元复合上转换催化剂杀菌性能

4.3.1 杀菌性能探究

在已经对所制备的三种材料 NYF、NYF-Bi 和 NYF-Ti 进行了理化性质分析的基础上，本章主要通过改变杀菌反应参数对三种杀菌材料的杀菌性能进行了探究。本章通过单因素实验探究不同材料投加量、不同光照强度、不同细菌种类及菌悬液中不同的共存离子下三种杀菌材料的杀菌性能，探究杀菌的最佳参数；通过循环杀菌实验及循环后材料的形貌结构表征，探究所制备的杀菌材料的稳定性和再生性能。

（1）材料投加量对杀菌性能的影响

为探究杀菌材料的投加量对大肠杆菌杀菌效果的影响，得到所制备的三种杀菌材料的最佳投加量，本研究探究了三种杀菌材料在不同的投加量下对大肠杆菌大肠杆菌（ATCC25922）的杀菌效率图（光照强度：1 000 W；共存离子：0.9% Cl^-；菌种：大肠杆菌；菌液初始浓度 C_0：10^6CFU/mL；光源：>420 nm），结果如图 4.16 所示。每组实验设置一组不加任何杀菌材料的菌悬液，一组投加商业 BiOCl 材料的菌悬液和一组投加商业 TiO_2（P25）的菌悬液作为对照。由图 4.16 可知，随着杀菌时间增加，空白对照组的菌悬液浓度下降幅度很小，这说明杀菌过程中其他外部因素对菌悬液浓度影响不大，排除了实验中除杀菌材料以外的影响因素。同时，商业光催化剂 BiOCl 和 P25 因为其禁带宽度较宽，不能吸收可见光，故其杀菌效果与空白组结果相似，远小于本研究所制备的杀菌材料 NYF、NYF-Ti 和 NYF-Bi。

对比图 4.16（a-d）可知，随着材料投加量的增加，NYF、NYF-Ti 和 NYF-Bi 三种材料的杀菌效率呈现出相同的趋势。当投加量从 0.05 g/L 增加到 0.15 g/L 时，材料的杀菌效率呈现上升的状态，但当投加量高于 0.15 g/L后，随着投加量的继续增加，杀菌效果则开始降低。这是由于菌液中杀菌材料浓度过高时，会使其中的光线发生散射，透光率降低，悬浮在菌液中的材料所吸收到的光强度变弱，使得上转换材料和光催化材料的杀菌效果降低。故当投加量为 0.15 g/L 时，三种材料的杀菌效率最高，即 0.15 g/L 为三种杀菌材料的最佳投加量。

在最佳投加量下，NYF-Ti 的杀菌效率为 99.999 9%（Ct = 1 CFU/mL），

NYF-Bi 的杀菌效率为 99.988 6%（Ct=114 CFU/mL），NYF 的杀菌效率为 99.959 6%（Ct=404 CFU/mL）。对比三种材料的杀菌效果可知，NYF-Ti 对大肠杆菌的杀菌效果最好，其次为 NYF-Bi，最后是 NYF。一方面，这是因为复合杀菌材料 NYF-Bi 和 NYF-Ti 中不仅有上转换材料的紫外杀菌作用，还有光催化材料中的自由基参与杀菌，故复合材料的杀菌效率比单一的 NYF 杀菌效率更高。另一方面，结合前文的紫外可见吸收光谱可知，三种材料中 NYF-Ti 的吸光强度最强，禁带宽度也比 NYF-Bi 窄，即 NYF-Ti 拥有更加良好的光催化效果。由此得出，三种材料的杀菌效率结果与前文中紫外吸收光谱结果相符。

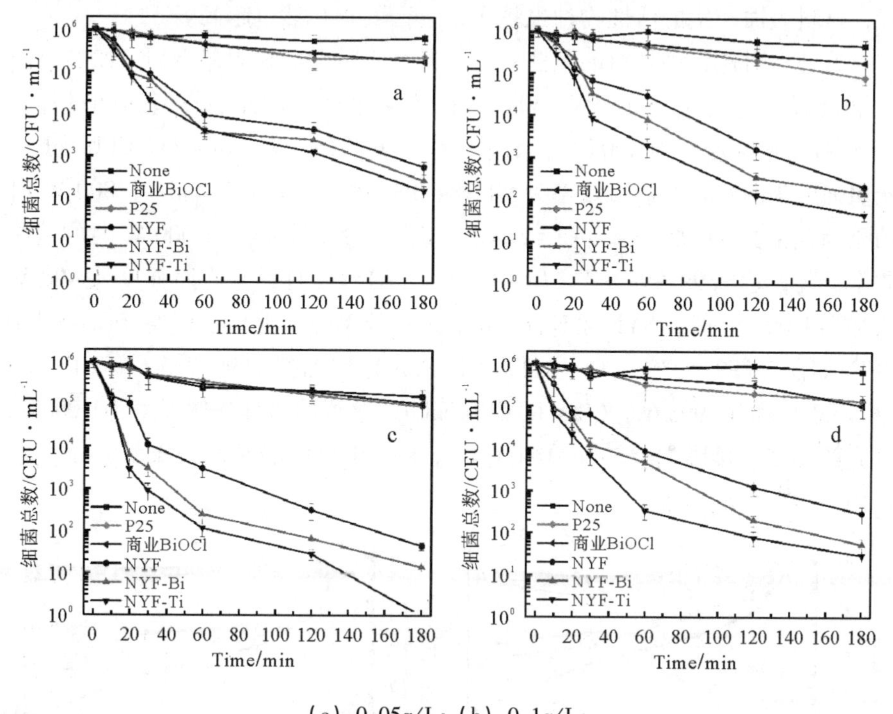

（a）0.05g/L；（b）0.1g/L；

（c）0.15g/L；（d）0.2g/L（光照强度：1 000W；共存离子：0.9% Cl^-；菌种：大肠杆菌；菌液初始浓度：10^6CFU/mL；光源：>420nm）。

图 4.16 不同投加量下的杀菌效果

（2）光照强度对杀菌性能的影响

无论是通过将可见光转换为紫外光的上转换材料 NYF，还是利用上转换材料转化的紫外光进行杀菌作用的 NYF-Ti 和 NYF-Bi，本研究所制备的三种杀菌材料的杀菌效率与光照强度强烈相关。故本研究在前文得出的材料最佳投加量的条件下，通过调节光反应仪的功率探究了光照强度对大肠杆菌（ATCC25922）的杀菌效率的影响。图 4. 17 为不同杀菌材料在不同光照强度下的杀菌效率（材料投加量：0. 15 g/L；共存离子：0. 9% Cl^-；菌种：大肠杆菌；菌液初始浓度 C_0：10^6CFU/mL；光源：>420 nm）。对比图 4. 17（a-d）可知，随着光照强度的增加，三种材料的杀菌效果都呈现上升的状态。首先，对上转换材料 NYF 来说，它通过材料中掺杂的敏化剂吸收光能，将其传递给发光中心 Pr^{3+}，实现由可见光到紫外光的上转换过程。其中敏化剂吸收的光越强，则上转换的发光效率越高，即发出的紫外光越强，杀菌消毒性能就越好。同时对于复合杀菌材料 NYF-Bi 和 NYF-Ti 来说，光照强度越强，其单位体积内所吸收的上转换材料 NYF 发出的紫外光子数越多，材料表面产生的活性物种也越多，杀菌效率自然也越高。

另外，对比各种材料的杀菌效率可知，三种杀菌材料中 NYF-Ti 的杀菌效果最好，这与前文的 UV-Vis 和不同投加量下的杀菌效率结果相同。NYF-Ti在光照强度为 400W 时杀菌效率为 99. 975 1%（Ct = 249 CFU/mL），光照强度为 600W 时杀菌效率为 99. 984 0%（Ct = 160 CFU/mL），800 W 时的杀菌效率为 99. 997 6%（Ct = 24 CFU/mL），光照强度为 1 000 W 时的杀菌效率最高，达到 99. 999 9%（Ct = 1 CFU/mL）。并且，当光照强度从 400 W 增加到 1 000 W 时，NYF 和 NYF-Bi 的杀菌效率分别由 99. 187%（Ct = 8 130 CFU/mL）和 99. 607%（Ct = 3 930 CFU/mL）增加到了 99. 995 6%（Ct = 44 CFU/mL）和 99. 998 6%（Ct = 14 CFU/mL）。这说明最佳光照强度为1 000W，且光照强度直接影响上转换材料及复合光催化材料的杀菌效率，是杀菌过程中的重要影响因素。

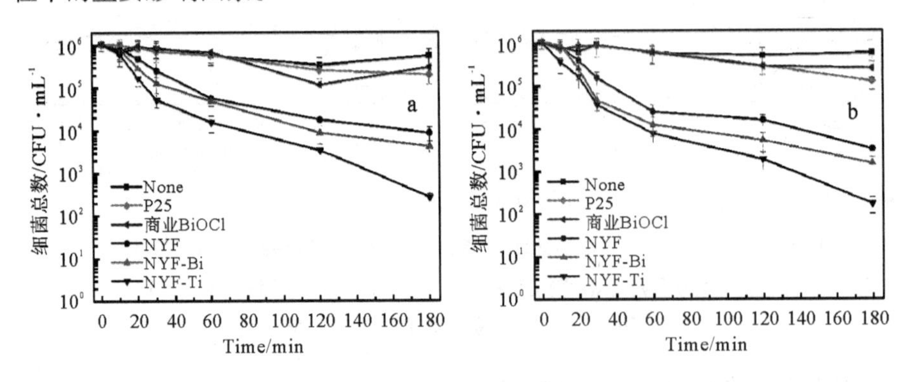

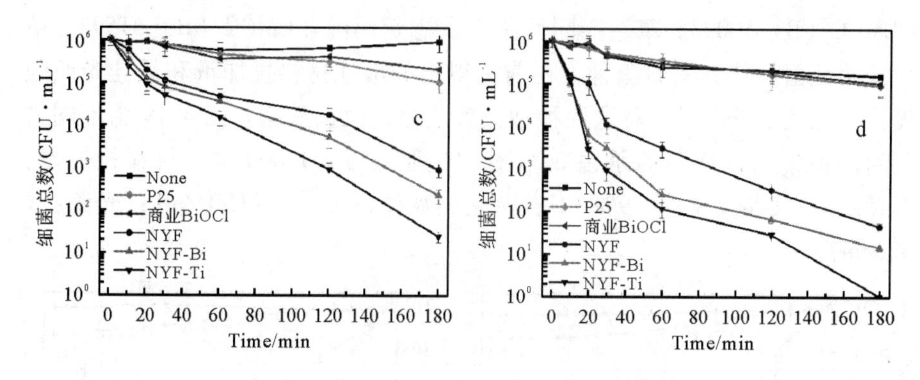

(a) 400W; (b) 600 W; (c) 800 W; (d) 1 000 W（材料投加量：0.15 g/L；共存离子：0.9% Cl^-；菌种：大肠杆菌；菌液初始浓度：10^6CFU/mL；光源：>420 nm）。

图 4.17 不同光照强度下的杀菌效果

（3）共存离子对杀菌性能的影响

为探究本研究所制备的杀菌材料的适用范围，本研究在前文得出的最佳投加量和最佳光照强度下，探讨了不同材料在常见共存离子存在的情况下的杀菌效率。图 4.18 分别为三种材料在 0.9% Na_2SO_4（a）和 0.9% $NaNO_3$（b）溶液中对大肠杆菌（ATCC25922）的杀菌效果图（光照强度：1 000 W；材料投加量：0.15 g/L；菌种：大肠杆菌；菌液初始浓度 C_0：10^6 CFU/mL；光源：>420 nm）。在不同阴离子存在的空白实验中，大肠杆菌的菌悬液浓度未见有明显下降，说明阴离子的存在不影响大肠杆菌的存活率。跟空白实验组相比，添加杀菌材料的实验组的杀菌效率明显提高。对比图 4.18（a）（0.9% Na_2SO_4）和图 4.18（b）（0.9% $NaNO_3$）可知，本研究所制备的 NYF、NYF-Ti 和 NYF-Bi 三种杀菌材料在上述三种溶液中对大肠杆菌的杀菌效率相差不是很大，在 0.9% NaCl 溶液中杀菌效率相对最高，这与之前的报道相符[8-11]。其中，杀菌效果最好的 NYF-Ti 在 SO_4^{2-}和 NO_3^-共存的情况下，杀菌效率分别为 99.990 0%（Ct=100 CFU/mL）和 99.992 0%（Ct=80 CFU/mL）。故本研究所制备的三种杀菌材料在 Cl^-、SO_4^{2-}及 NO_3^-等阴离子共存的溶液中仍能够达到良好的杀菌效果，说明本研究所制备的材料应用范围很广泛。

（4）细菌种类对杀菌性能的影响

除了菌液中的共存离子外，不同细菌种类的杀菌效果也是证明杀菌材料具有广泛适用性的一项重要指标。为探究杀菌材料对不同细菌的杀菌效果，本研究选择了生活中常见的四种人体致病菌大肠杆菌（ATCC25922、革兰氏阴性菌）、金黄色葡萄球菌（ATCC6538、革兰氏阳性菌）、沙门氏菌

[CMCC（B）50093、革兰氏阴性菌］及志贺氏菌［CMCC（B）51592、革兰氏阴性菌］作为实验菌种，在前文得出的最佳材料投加量和最佳光照强度下，比较了不同材料对这四种常见致病菌的杀菌效率。图4.19为不同材料对四种常见致病菌的杀菌效率图（光照强度：1 000 W；材料投加量：0.15g/L；共存离子：0.9% Cl^-；菌液初始浓度 C_0：10^6 CFU/mL；光源：>420nm）。

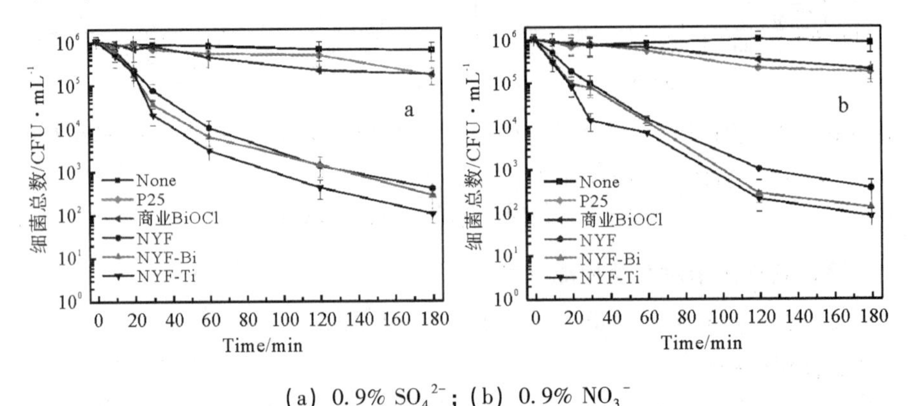

（a）0.9% SO_4^{2-}；（b）0.9% NO_3^-

（材料投加量：0.15g/L；光照强度：1 000W；菌种：大肠杆菌；

菌液初始浓度：10^6CFU/mL；光源：>420nm）。

图4.18 不同共存离子下对大肠杆菌的杀菌效果

由图4.19可知，对比空白实验组的菌悬液浓度，本研究所制备的杀菌材料NYF、NYF-Ti和NYF-Bi对四种不同的细菌的杀菌效果都有很大程度的提升，说明本研究所制备的杀菌材料都能达到较好的杀菌效果；同时也说明本研究所制备的杀菌材料的杀菌效果具有普遍性，无论是针对革兰氏阴性菌（如大肠杆菌），还是革兰氏阳性菌（如金黄色葡萄球菌），都能得到良好的杀菌效果。我们推测这与上转换材料中紫外光和复合光催化材料中活性物种的杀菌原理有关，这几种材料具体的杀菌机理我们将在后文进一步探究。

而对比三种材料各自的杀菌效果可知，三种材料中NYF-Ti的杀菌效果最好，这与前文的UV-Vis及不同因素下的大肠杆菌杀菌效率结果相符。杀菌效率最高的NYF-Ti对图4.19（a）金黄色葡萄球菌的杀菌效率为99.998 0%（C_t = 20 CFU/mL），对图4.19（b）沙门氏菌的杀菌效率为99.999 2%（Ct = 8 CFU/mL），对图6.28（c）志贺氏菌的杀菌效率为99.998 4%（Ct = 16 CFU/mL），对图4.19（d）大肠杆菌的杀菌效率为99.999 9%（C_t = 1 CFU/mL）。

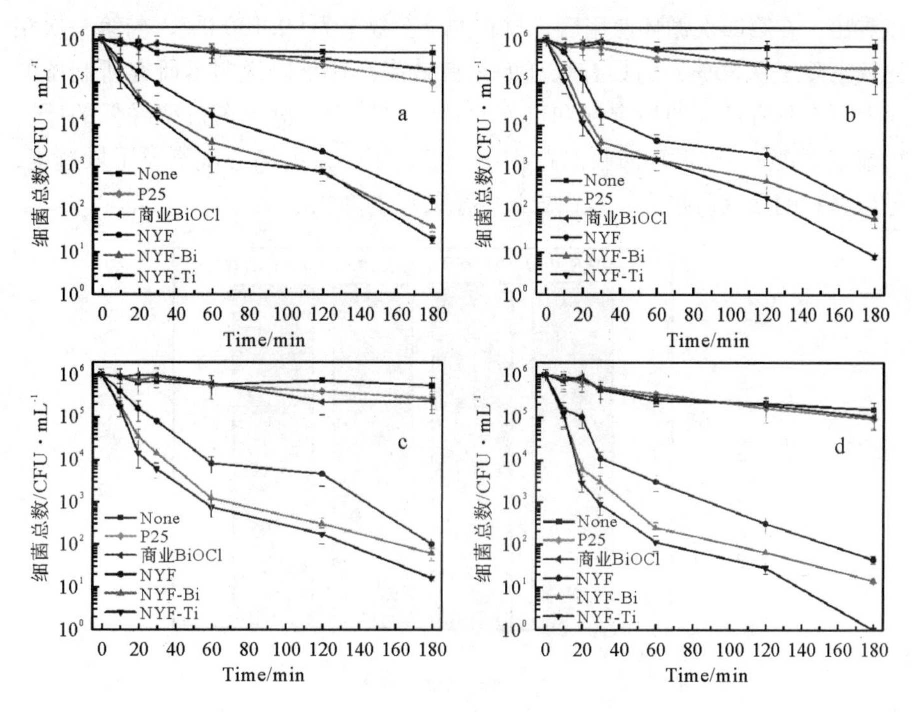

（a）金黄色葡萄球菌；（b）沙门氏菌；（c）志贺氏菌；

（d）大肠杆菌（材料投加量：0.15g/L；光照强度：1 000W；

共存离子：0.9% Cl^-；菌液初始浓度：10^6CFU/mL；光源：>420nm）。

图 4.19 不同细菌的杀菌效果

4.3.2 杀菌材料的稳定性研究

（1）NYF-Ti 的杀菌效果稳定性

通过前文的分析可知，本实验所制备的三种杀菌材料 NYF、NYF-Ti 及 NYF-Bi 无论是在不同的阴离子共存的条件下还是在不同的细菌种类下，都具有良好的杀菌效果，说明本实验制备的杀菌材料具有广泛的适用性。除此之外，杀菌材料的稳定性也是衡量一种杀菌材料是否具有实用性的一项重要指标。为了考察杀菌材料的实际应用能力，本研究在最佳投加量和最佳光照强度下，对前文杀菌效率最高的复合杀菌材料 NYF-Ti 进行了稳定性测试（光照强度：1 000 W；材料投加量：0.15 g/L；共存离子：0.9% Cl^-；菌种：大肠杆菌；菌液初始浓度 C_0：10^6CFU/mL；光源：>420 nm）。

图 4.20 为 NYF-Ti 对大肠杆菌的四次循环杀菌效率图，从图 4.20 中可

以看出，在第四次循环使用后，材料的杀菌效率为 99.130 0%，与第一次相比仅下降了 0.86%，仍具有很高的杀菌效率。这足以说明本研究所制备的杀菌材料具有良好的稳定性和可回收性。本研究推测杀菌效率降低的原因可能是 NYF-Ti 在循环回收的过程中，经过了多次的离心洗涤及干燥过程，导致材料的量有所损失，从而导致杀菌效率的降低。

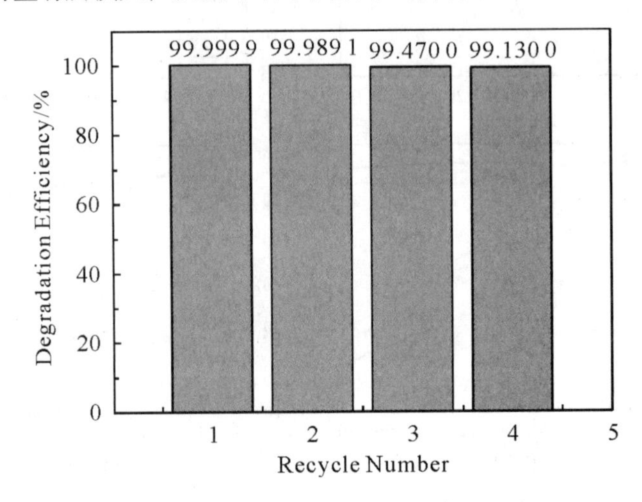

材料投加量：0.15 g/L；光照强度：1 000 W；菌种：大肠杆菌；
共存离子：0.9% Cl^-；菌液初始浓度：10^6CFU/mL；光源：>420 nm。

图 4.20　NYF-Ti 四次循环杀菌的杀菌效率

（2）NYF-Ti 的材料结构稳定性

图 4.21 为经过四次循环杀菌后的 NYF-Ti 杀菌材料的 XRD 和 SEM 图。由图 4.21（a）可以看出，经过四次循环杀菌，NYF-Ti 的 XRD 图谱几乎毫无变化，说明材料在循环使用过程中没有改变其晶相，且其晶型和结晶度依旧十分良好。由图 4.21（b）可以看出，在形貌上，复合材料 NYF-Ti 依旧为絮状 TiO_2包裹六棱柱状内核的核壳结构，结合前文进行对比可知，NYF-Ti 的形貌也基本没有变化。结合图 4.20 的循环杀菌效率图可知，本实验所制备的杀菌材料拥有良好的稳定性和可回收性。值得注意的是，包裹在 NYF 表面的 TiO_2损失较多，可能是在循环使用的过程中经过多次离心洗涤干燥回收的物理过程所导致的。这导致四次循环后的 NYF-Ti 材料杀菌效果有所降低。

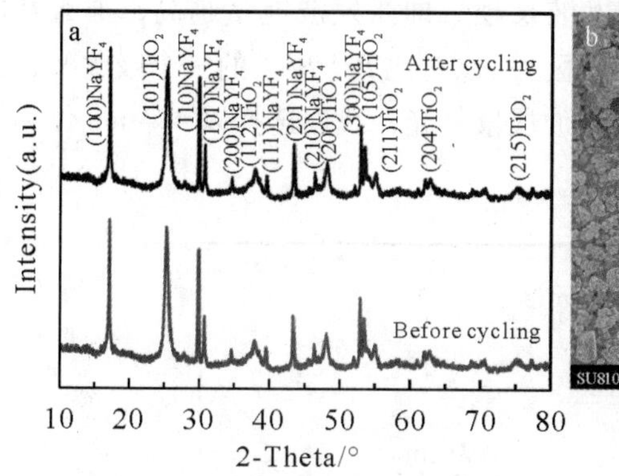

图 4.21 NYF-Ti 四次循环杀菌后的（a）XRD 对比图；（b）SEM 图

4.3.3 杀菌原理探究

前文已对所制备的三种杀菌材料 NYF、NYF-Bi 及 NYF-Ti 的基本性质及其杀菌效果进行了探究。本部分主要对上转换材料 NYF 和复合光催化材料 NYF-Bi 和 NYF-Ti 的杀菌原理进行了探究。对上转换材料 NYF，主要从发光性能的影响因素及发光能级出发，对其杀菌原理进行了分析讨论。对复合光催化材料，首先从光催化材料内部的光电转换机理出发，采用电子顺磁共振（EPR）、瞬态光电流密度（TPD）、荧光光谱（PL）及电化学阻抗谱（EIS）对 NYF-Bi 及 NYF-Ti 进行了表征，探究其光电性能；其次从材料反应液界面的自由基生成及作用机理出发，对其杀菌机理进行了阐述。

（1）NYF 中 Pr^{3+} 和 Li^{+} 的最佳掺杂量

从前文分析可知，本研究所制备的上转换材料 NYF 主要是通过基质中掺杂的敏化剂 Li^{+} 吸收可见光，再通过掺杂的发光中心 Pr^{3+} 将可见光转换为 UVC 波段的紫外光，利用紫外光达到杀菌的目的。所以上转换过程中得到的紫外光强度与材料的杀菌效果直接相关，而上转换材料的上转换发光效率与掺杂离子 Pr^{3+} 和 Li^{+} 的浓度直接相关，故上转换材料的离子掺杂浓度直接影响到上转换材料 NYF 的杀菌效率。故本研究为了分析 NYF 的上转换发光性质，采用 Fluorolog-3 荧光光谱仪对不同离子掺杂浓度下的 NYF 进行了测试表征。在测试 NYF 的荧光光谱之前，我们首先配置了 $PrCl_3$ 溶液，采用紫外可见吸收光谱仪对 $PrCl_3$ 溶液中 Pr^{3+} 的吸收光谱进行了表征，结果如图 4.22 所示。可以看到，Pr^{3+} 在可见光范围内存在三个明显的吸收峰，分别位于 444 nm、469 nm 及 482 nm 处，其中 444 nm 处的吸收峰最强。此外，对于上转换材料来说，理论上，激发波长越短即激发波能量越高，那么其能够激发产生的上转换紫外波长就越短。所以对比 Pr^{3+} 离子的三个吸收峰，为了获得能量更高波长更适宜的 UVC 波段紫外光，我们选择以 444 nm 作为荧光光谱的激发波长。

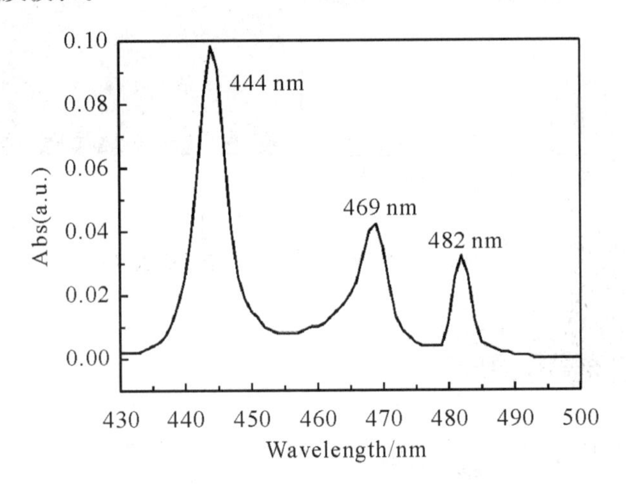

图 4.22　$PrCl_3$ 溶液的紫外可见吸收光谱

确定了荧光光谱的激发波长后，我们在现有报道的基础上[12,13]，采用单因素实验对不同 Pr^{3+} 和不同 Li^{+} 掺杂浓度下上转换材料 NYF 的荧光强度进行了探究。图 4.23 为 444 nm 激发光下不同 Pr^{3+} 掺杂浓度和不同 Li^{+} 掺杂浓度下 NYF 的荧光光谱图。如图 4.23（a）所示，在 Li^{+} 掺杂浓度 9%时，不同 Pr^{3+} 掺杂浓度的样品的发射光谱轮廓相似，都在紫外光范围内拥有三个主要的发射峰，分别为 253 nm，259 nm 及 284 nm 处。这三个主要的发射峰分别对应于 Pr^{3+} 的 $4f5d-{}^3F_J$ 和 $4f5d-{}^3H_J$ 跃迁[14,15]。其中 284 nm 处的发射峰由于其波长距离所用的激发波长 444 nm 较近，故其荧光强度最强。对比不同 Li^{+} 掺杂浓度的发光强度可知，随着掺杂浓度的上升（5%～9%），材料的荧光强度呈现出逐渐增强的趋势，我们推测这是由于当激发光强度不变时，Li^{+} 的浓度越高，能够吸收越多的光子传递给发光中心，材料的荧光强度就会增强。而当 Li^{+} 离子浓度进一步上升时（9%～11%），由于基质材料和 Pr^{3+} 的限制，Li^{+} 吸收的光不能完全转换为紫外光，因而出现上转换强度减弱的情况。通过前文的分析可知，杀菌效果最好的紫外光波段为 200～280 nm（UVC 波段），并且 UVC 波段的紫外光还能够很好地激发光催化材料产生杀菌作用，故本研究选择在 UVC 波段的荧光强度最高的离子掺杂浓度，即 9%作为 Li^{+} 最佳掺杂浓度。在 Li^{+} 的最佳掺杂浓度下，我们继续探讨了在 444 nm

激发光下不同 Pr^{3+} 掺杂浓度的 NYF 的荧光光谱。如图 4.23（b）所示，不同 Pr^{3+} 下的 NYF 的荧光光谱呈现相同的趋势，都分别在 253 nm、259 nm 及 284 nm 处出现了三个发射峰，其中 284 nm 处的荧光强度最强。随着 Pr^{3+} 掺杂浓度的上升，上转换材料的荧光强度呈现出先上升后下降的状态。这是由于 Pr^{3+} 作为发光中心，当 Pr^{3+} 的浓度从 0.5%上升到 1.5%时，能够参与上转换发光过程的 Pr^{3+} 越多，则上转换发光强度越强。而当 Pr^{3+} 浓度从 1.5%提高到 2.0%时，浓度过高的 Pr^{3+} 可能发生荧光猝灭现象[16,17]，导致上转换材料的荧光强度有所降低。综上所述，Pr^{3+} 和 Li^{+} 的最佳掺杂浓度为 β-$NaYF_4$：1.5%Pr^{3+}，9%Li^{+}。

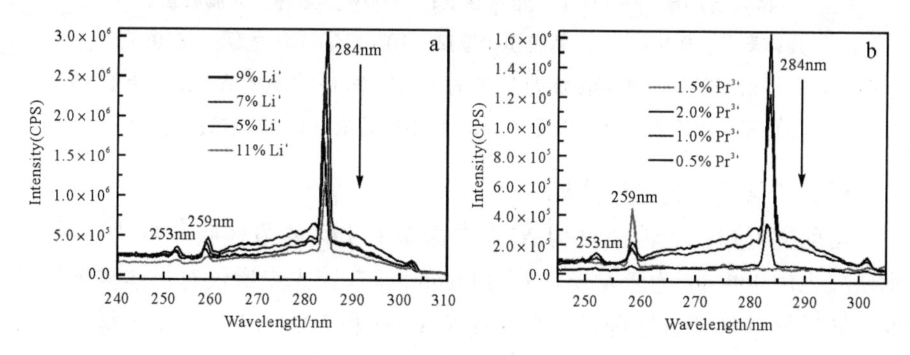

图 4.23　（a）不同 Li^{+} 掺杂浓度的 NYF 的荧光光谱（Pr^{3+} 离子掺杂浓度为 1.5%）；（b）不同 Pr^{3+} 离子掺杂浓度的 NYF 的荧光光谱（Li^{+} 掺杂浓度为 9%）

为了从实践角度探讨离子掺杂浓度对上转换材料 NYF 的荧光强度的影响，本研究在前文得出的最佳实验条件下，研究了不同掺杂离子的 NYF 对大肠杆菌的杀菌效率（Li^{+} 掺杂浓度为 9%）（材料投加量：0.15 g/L；光照强度：1 000 W；菌种：大肠杆菌；共存离子：0.9% Cl^{-}；菌液初始浓度：10^{6}CFU/mL；光源：>420 nm）。图 4.24 为不同 Li^{+} 掺杂浓度［见图 4.24（a）］和 Pr^{3+} 掺杂浓度［见图 4.24（b）］的 NYF 的杀菌效率图。从图 4.24 中可以看出，NYF 在不同的 Li^{+} 掺杂浓度和 Pr^{3+} 掺杂浓度下的杀菌效率都呈现出先上升后下降的趋势，与图 4.23 中不同 Li^{+} 掺杂浓度和 Pr^{3+} 掺杂浓度下的 NYF 荧光强度的变化趋势相同。同时，由图 4.24 还可以看出，9% Li^{+} 掺杂浓度和 1.5% Pr^{3+} 掺杂浓度下对大肠杆菌的杀菌效率最高，其杀菌效率为 99.995 6%（Ct = 44 CFU/mL）。这可以充分说明掺杂离子直接影响着 NYF 的荧光强度，而荧光强度直接影响着上转换材料的杀菌效率，本实验中上转换材料的最佳掺杂浓度为 β-$NaYF_4$：1.5%Pr^{3+}，9%Li^{+}。

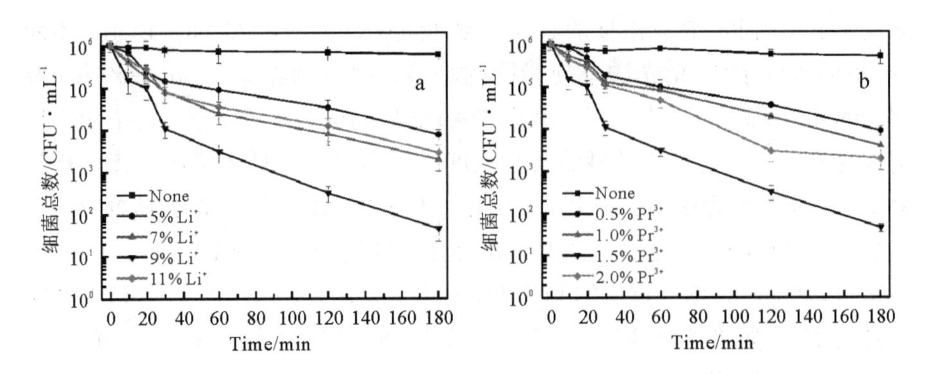

材料投加量：0.15g/L；光照强度：1 000W；菌种：大肠杆菌；

共存离子：0.9% Cl-；菌液初始浓度：10^6CFU/mL；光源：>420nm。

图 4.24 （a）不同 Li^+掺杂浓度的 NYF 的杀菌效率（Pr^{3+}离子掺杂浓度为 1.5%）；（b）不同 Pr^{3+}离子掺杂浓度的 NYF 的杀菌效率（Li^+掺杂浓度为 9%）

（2）上转换荧光光谱分析

由前文可知，上转换材料 NYF 中掺杂的 Pr^{3+} 的最佳吸收峰为 444nm，本研究采用 444 nm 为激发光，采用 Fluorolog-3 荧光光谱仪对最佳掺杂量下的上转换材料 NYF、复合光催化材料 NYF-Ti 和 NYF-Bi 三种杀菌材料的荧光光谱进行了表征，结果如图 4.25 所示。由图 4.25 可以看出，三种材料的发射峰位置没有较大的改变，分别在 253 nm、259 nm 和 284 nm 处存在三个发射峰，其中 284 nm 处的发射峰强度最大，这与前文的 NYF 发射峰位置及强弱趋势相同。这说明光催化材料 TiO_2和 BiOCl 的复合没有改变上转换材料的发射峰位置。对比复合光催化材料和上转换材料可知，NYF-Ti 和 NYF-Bi 的发射峰强度相比 NYF 明显减弱，我们推测原因有以下两个：第一，上转换材料 NYF 吸收可见光并将其转换为紫外光，复合在六角相 NYF 表面的光催化材料 BiOCl 和 TiO_2吸收 NYF 产生的紫外光后产生光催化效应，故荧光强度明显减弱。第二，负载上光催化材料后，在作为外壳的光催化材料的表面，激发光与发射光会产生光的反射、折射与散射现象，导致光会有所损耗，造成上转换材料吸收的光与发射的光能量减弱[18]。另外，有文献报道光催化材料的光生电子与空穴的复合过程可由荧光光谱分析，荧光发射峰的强度越强，说明体系中光生电子与空穴复合的几率越大[19]。因此，由图 4.25 可知，NYF-Ti 的荧光强度比 NYF-Bi 的强度更弱，这初步说明 NYF-Ti体系中的光生电子空穴对的分离效率更高，其光催化效果也更高，此结果也与前文 UV-Vis 和杀菌结果相符。

最后，荧光结果还表明，上转换材料 NYF 可在 444nm 可见光激发下发射出紫外光，而负载于 NYF 表面的 BiOCl 和 TiO_2恰好能够吸收 NYF 发出的紫外光并产生光催化反应，说明本研究构想的利用核壳结构实现复合光催化材料的可见光杀菌消毒是可行的。

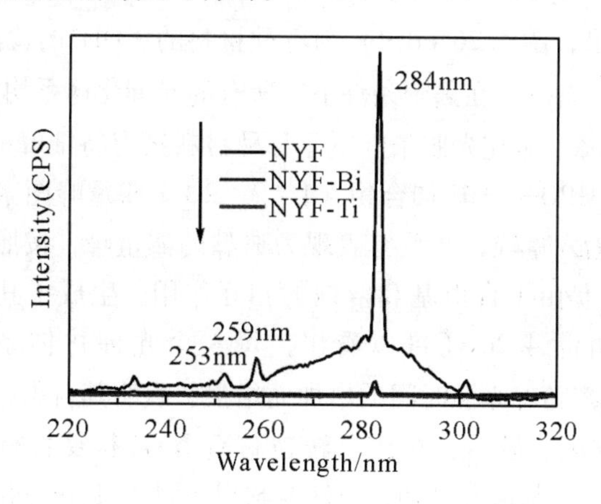

图 4.25 NYF、NYF-Bi 及 NYF-Ti 的荧光光谱（激发波长：444 nm）

（3）杀菌体系主要活性物种探究

光催化材料通常为半导体，半导体通常由一个充满电子的低能价带（VB）和一个未填充电子的高能导带（CB）构成。导带低和价带顶之间的能量差就称为禁带宽度（Eg），当激发光大于或等于 Eg 时，价带上的电子就会被激发跃迁至导带，由此在导带上留下具有强还原性的光生电子（e^-），在价带上留下具有强氧化性的光生空穴（h^+）。光生电子和空穴在半导体的内部与表面迁移，分别与体系中的 O_2和 H_2O 反应生成活性更高的氧化物种：超氧自由基（$\cdot O_2^-$）和羟基自由基（$\cdot OH^-$）[20]。光催化材料就是利用光生电子-空穴对以及生成的自由基等活性物种的强还原性和强氧化性来破坏细菌结构，达到杀菌的目的[21,22]。但是由于静电力作用，光生电子-空穴对易发生复合，寿命只有纳秒长短，所以光催化材料的光催化活性主要由光生载流子的迁移率及光生电子-空穴对的复合速率决定，光催化材料中载流子迁移速率越快，光生电子-空穴对的复合速率越慢，体系中同时存在的光催化活性物种就越多，那么光催化的杀菌效果就越好。故本研究从活性物种和载流子迁移的角度，采用电子顺磁共振（EPR）、瞬态光电流密度（TPD）、电化学阻抗谱（EIS）及捕获剂实验对光催化材料的主要活性物种进行了探究。

①电子顺磁共振

由前文分析可知，光催化材料中起主要作用的活性自由基主要有 $\cdot O_2^-$

和·OH^-。故本研究采用电子顺磁共振谱仪，利用二甲基吡啶 N-氧化物（DMPO）作为自由基的捕获剂，对所制备的三种杀菌材料 NYF、NYF-Ti 及 NYF-Bi 产生的·O_2^-和·OH^-进行检测。图 4.26（a-c）分别为三种材料的·O_2^-的检测结果，图 4.26（d-f）为三种材料的·OH^-的检测结果。首先，从图 4.26 中可以看出，在黑暗条件下，所有的光催化体系均没有产生·O_2^-和·OH^-的特征峰。而在光照条件下，每种材料都有特征峰的出现，·OH^-显示出典型的 DMPO-·OH 加合物（1∶2∶2∶1 四重峰图案）。而 DMPO-·O_2^-的峰表现为六重峰，并没有表现为典型的四重峰，按照之前文献的报道，我们推测这是由于自由基和溶剂的相互作用，生成了其他的超细分裂峰[23]。其次，由图 4.26 还可以看出，每一个光催化体系中的·O_2^-和·OH^-的特征峰都随着光照时间的增加而增强，表明其自由基随着光照时间的增加有累积效应。最后，对比上转换材料 NYF 和复合材料 NYF-Bi 和 NYF-Ti 的两种自由基信号可知，上转换材料 NYF 的自由基信号非常弱，这是因为所制备的上转换材料 NYF 不是半导体，不能产生光生电子-空穴对，所以上转换材料 NYF 中几乎不能产生自由基。

与此同时，比较三种材料在 10 min 下的特征峰值可以发现，NYF-Ti 的·O_2^-和·OH^-特征峰最强，其强度分别是 NYF 的 6.63 倍和 4.82 倍。NYF-Bi 的·O_2^-和·OH^-特征峰强度分别为 NYF 的 2.53 倍和 1.05 倍。这说明复合材料 NYF-Bi 和 NYF-Ti 在复合了光催化材料后，体系内的自由基强度明显增强。这也表明在相同的条件下光催化体系中产生的活性自由基相对而言较上转化体系中多得多。且 NYF-Ti 的自由基强度大于 NYF-Bi 的自由基强度，说明 NYF-Ti 体系中的光生电子-空穴对复合速率较低，载流子迁移速率较快，即 NYF-Ti 的杀菌性能更强。这与前文的 UV-Vis、杀菌实验结果及 PL 结果相符。

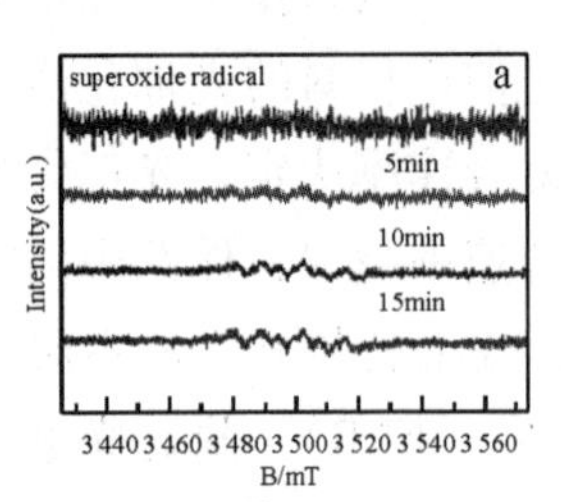

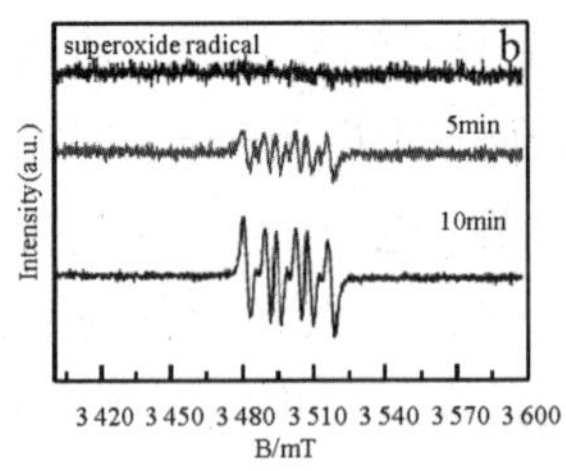

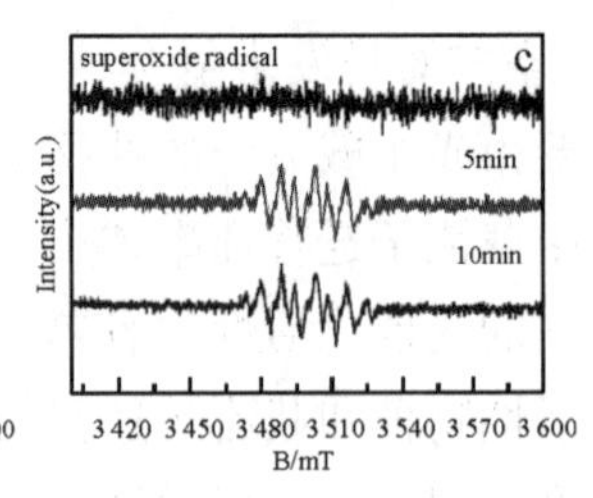

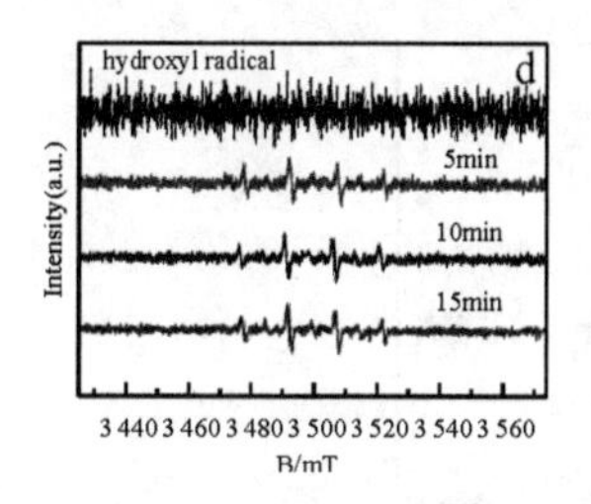

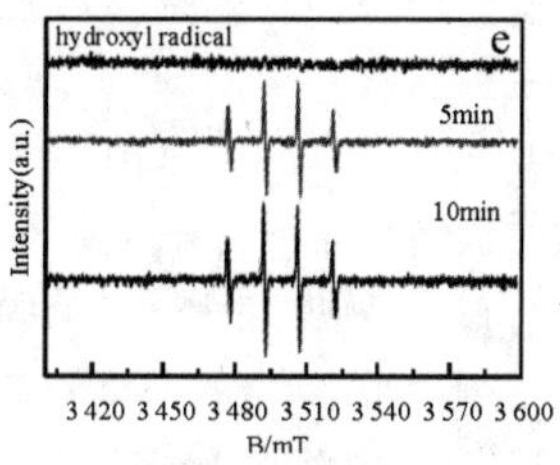

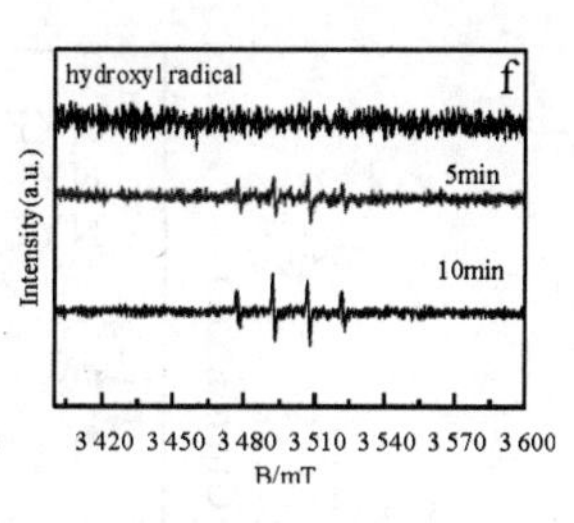

图 4.26 (a-c) NYF、NYF-Ti、NYF-Bi 的超氧自由基检测结果；(d-f) NYF、NYF-Ti、NYF-Bi 的羟基自由基检测结果

②光电流测试

光生载流子的定向运动形成光电流，为探讨所制备的上转换材料 NYF、复合材料 NYF-Ti 和 NYF-Bi 的光电流强弱及产生情况，本研究采用了瞬态光电流密度来对三种材料进行表征。光催化材料中光电流密度越大，说明其电子与空穴的分离效率越高。但受载流子迁移与捕获的影响，光电流强度不能直接反应光催化材料的光催化杀菌性能，只能反应光生电子与空穴的复合情况。光电流强度越大，载流子往催化剂表面迁移的能力越强，光生电子与空穴的复合强度便越弱，则光催化材料拥有更强的光催化杀菌性能的可能性也较大[24, 25]。

图 4.27 展示了所制备的三种材料在可见光的照射下的光电流产生情况。从图 4.27 中可以看出，NYF 的电流密度最低，几乎不产生光电流。这是由于上转换材料 NYF 在可见光的照射下只会发生内部稀土离子的能级跃迁，故电子在晶格内运动，不会产生光电流。而复合材料 NYF-Ti 和 NYF-Bi 都表现出较强的光电流，这说明复合的光催化剂 TiO_2和 BiOCl 吸收了上转换材料发射的紫外光后被激发，在复合材料体系内产生了光生电子与空穴。电子的定向移动产生了光电流，故而在复合材料 NYF-Ti 和 NYF-Bi 的系体内检测到了较强的光电流。而对比 NYF-Bi 的光电流密度，复合材料 NYF-Ti 则产生了更强的光电流，说明 NYF-Ti 的光生电子和空穴的分离率比 NYF-Bi 更高。此结果与前文的 UV-Vis、杀菌结果、PL 及 EPR 结果相符。

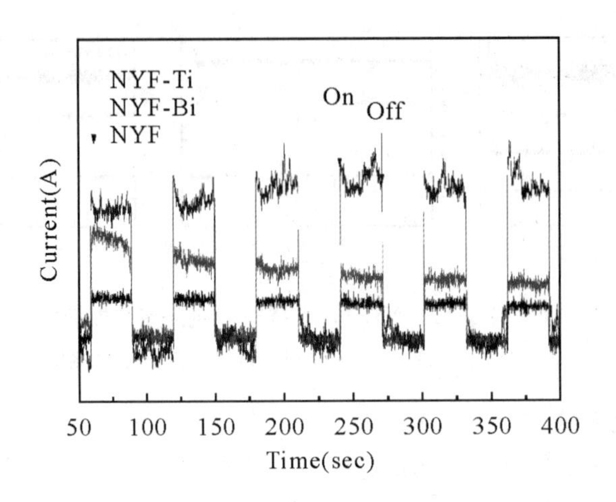

图 4.27　NYF、NYF-Bi 及 NYF-Ti 的瞬态光电流密度

图 4.28 展示了所制备的上转换材料 NYF、复合材料 NYF-Ti 和 NYF-Bi 在可见光照射下电化学阻抗谱（EIS）的 Nyquist 图。电化学阻抗谱的基本思路是将电化学系统看作是一个等效电路，在外部给其施加一个小振幅交流正弦电势波，通过观察交流电势与电流信号的比值（即系统的阻抗）随正弦波频率的变化或是阻抗的相位角随频率的变化，分析系统的电化学性质。电化学系统的阻抗被定义为一个复数，我们以阻抗的实部虚部作图，得到 Nyquist 图谱，可以清晰地给出实部和虚部的数值，并可进行体系定性分析。Nyquist 图谱通常由一个半圆部分和一个线性部分组成，随着测试频率升高，直线部分在低频范围由电极反应的反应物或产物的扩散控制，半圆部分在高频区，由电极反应动力学（电荷传递过程）控制。故电化学阻抗谱可用来研究材料的等效阻抗，Nyquist 图中半圆弧的半径越大，说明等效电路中材料的阻抗越大[26]。相反，半圆弧半径的减小，说明材料的阻抗减小[27]。

从图 4.28 中可以看出，所制备的复合杀菌材料 NYF-Ti 的阻抗最小，其次为 NYF-Bi，上转换材料 NYF 的阻抗最大。说明光催化材料的加入，能够有效促进光生电子和空穴的分离效率，提高光催化杀菌体系中光生载流子的迁移效率，提高复合材料的光催化杀菌效率。另外，所制备的三种杀菌材料中 NYF-Ti 体系的等效阻抗最小，说明 NYF-Ti 体系内的电导率和光生载流子迁移率最高，也说明 NYF-Ti 的光催化性能更好。此结果与前文的 UV-Vis、PL、EPR、TPD 及杀菌结果相符。

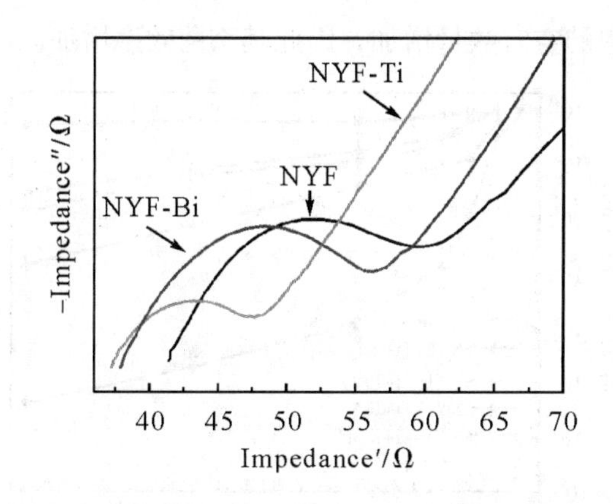

图 4.28 NYF、NYF-Bi 及 NYF-Ti 的电化学阻抗谱

③捕获剂实验

在可见光下的光催化杀菌过程中，光生电子（e^-）和空穴（h^+），超氧自由基（$\cdot O_2^-$）和羟基自由基（$\cdot OH$）等活性物种在杀菌过程中起到了非常重要的作用。前文已经从光照强度和光生载流子方面对上转换材料 NYF、复合材料 NYF-Ti 和 NYF-Bi 的杀菌机理进行了初步的阐释，但在杀菌过程中起主要作用的活性物种尚未讨论清楚，故本研究采用前文中得出的杀菌效果最好的 NYF-Ti 材料为研究对象，通过在杀菌实验中加入相应活性物种的捕获剂，抑制活性物种的催化作用，通过探究捕获剂对杀菌结果的影响阐明光催化杀菌材料 NYF-Ti 中不同的活性物种在杀菌过程中的贡献。我们分别采用对苯醌（PBQ，0.1mmol）、异丙醇（IPA，0.1mmol/L）、溴酸钾（$KBrO_3$，0.1mmol）以及草酸钠（$Na_2C_2O_4$，0.1mmol）作为 $\cdot O_2^-$、$\cdot OH$、e^-和 h^+的捕获剂，在光照前分别与复合材料 NYF-Ti 一起加入菌悬液中。

图 4.29 为 NYF-Ti 在不同捕获剂存在的情况下的杀菌效率图（材料投加量：0.15 g/L；光照强度：1 000 W；菌种：大肠杆菌；共存离子：0.9% Cl^-；菌液初始浓度：10^6CFU/mL；光源：>420 nm）。由图 4.29 可得，与未加入任何捕获剂的体系相比，在加入草酸钠、对苯醌和异丙醇的条件下，体系的杀菌效率有明显的下降。这说明在光催化杀菌过程中，h^+、$\cdot O_2^-$和 $\cdot OH$ 三种活性物种起主要作用。且加入草酸钠的体系中杀菌效率最低，说明光催化杀菌过程中 h^+起到了较重要的作用，此结果与之前的报道相符合。同时，由图 4.29 还可以看出，在加入溴酸钾后体系的杀菌效率与纯 NYF-Ti 的杀菌效率相近。我们推测这是由于当体系中的 e^-被溴酸钾捕获后，光生电子与空穴的再结合被抑制，从而增强了电子空穴对的分离效率，使得杀

菌材料 NYF-Ti 中的空穴数量增加，因此其杀菌效率增加。

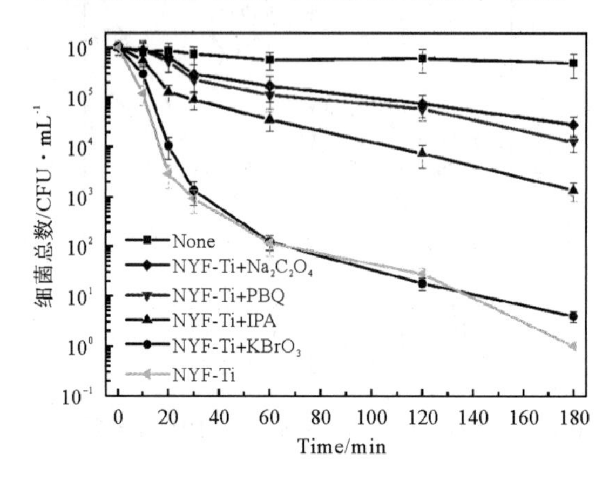

光照强度：1 000 W；材料投加量：0.15 g/L；菌种：大肠杆菌；

共存离子：0.9% Cl^-；菌液初始浓度：10^6CFU/mL；光源：>420 nm。

图 4.29　NYF-Ti 在捕获剂存在下的杀菌效率

（4）杀菌机理

①NYF 的上转换杀菌机理

上转换材料的发光主要是由掺杂的稀土离子中的 4f 电子能级间的跃迁导致的。在本研究所制备的 β-$NaYF_4$：Pr^{3+}，Li^+上转换材料中，β-$NaYF_4$作为基质材料，能帮助吸收能量以及提供反应位点。Li^+作为敏化剂，通过通量效应、相变和激活体位点畸变等共同作用，帮助提高 Pr^{3+}的发光[15,28,29]。而 Pr^{3+}作为发光中心，主要负责将基质中吸收的可见光转换为我们所需要的紫外光进行杀菌作用。

通常在 488nm 激发光下，Pr^{3+}首先被激发到^3P_J能级，再通过激发态吸收（ESA）和能量转移上转换（ETU）这两个双光子上转换途径跃迁到 4f5d 能级，发出 260~350 nm 的紫外光[30,31]。而在本研究采用的 444 nm 激发光下，当 Pr^{3+}第一次被激发跃迁到^3P_J能级后，再次吸收一个 444 nm 光子的能量不足以使其从^3P_J能级（即使是能量最低的$^3P_0$能级）跃迁到 4f5d 能级，所以 ESA 过程不太可能会在 444 nm 激发光下发生[32]。但是，根据 Kim 等人的报道，位于^3P_J能级上的激发态 Pr^{3+}可通过吸收另一个激发态离子的能量，即通过 ETU 过程跃迁至 4f5d 能级，再回迁至^3F_J和^3H_J能级发出 200~280 nm（UVC 波段）的紫外光，如图 4.30（a）中的过程①所示。另外，有文献报道了另一种可能的上转换机制，即 Pr^{3+}首先被 444nm 光子激发至 $1D_2$能级，再通过激发态吸收或能量转移过程跃迁至 4f5d 能级[71,86]。

由于$^1D_2$比^3P_J的能级寿命更长[33]，且$^1D_2$到4f5d能级所需要的能量较低[74]，Pr^{3+}可以通过吸收444 nm光子的能量跃迁至4f5d能级，故这种上转换机制也很有可能存在，其发光机理如图4.30（a）中的过程②所示。所以，在Pr^{3+}的上转换紫外发光过程中，可能存在两种双光子发光机制，分别为$^3H_4$→^3P_J→4f5d和$^3H_4$→$^1D_0$→4f5d[34]，具体的上转换发光机理如图4.30（a）所示。

以上分析说明本研究所制备的上转换材料NYF可以通过Pr^{3+}的能级跃迁将可见光（444 nm）转换为200~280 nm波段即UVC波段的紫外光。其杀菌机理如图4.30（b）所示，以大肠杆菌为例，将NYF投加至菌悬液中，则NYF可在可见光下产生紫外光，作用于溶液中的大肠杆菌，可以破坏大肠杆菌的DNA（脱氧核糖核酸）或RNA（核糖核酸）的分子结构，造成大肠杆菌的再生性细胞死亡，达到杀菌的作用。

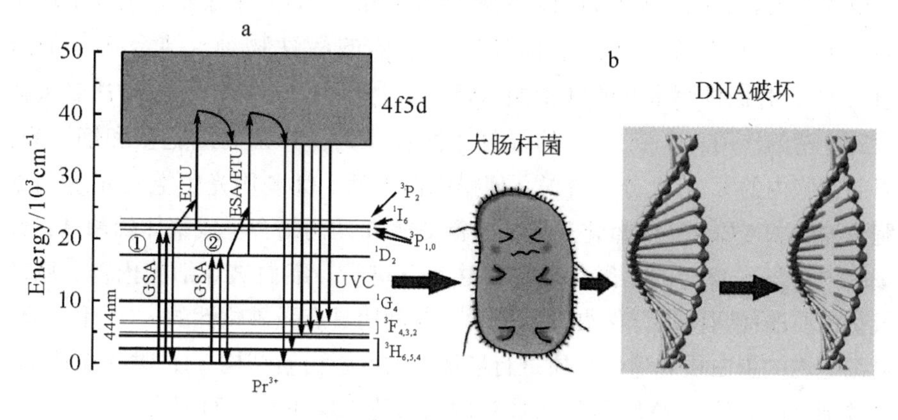

图4.30　（a）NYF的上转换发光机理；（b）NYF的杀菌机理

②NYF-Ti的光催化杀菌机理

前文对上转换材料NYF的发光及杀菌机理进行了探讨，而复合材料NYF-Ti和NYF-Bi的杀菌机理还没有得到详细的阐述。以杀菌效果最好的NYF-Ti材料灭活大肠杆菌为例，我们给出了其在可见光下可能发生的杀菌过程，结果如图4.31所示。

首先，作为核结构的上转换材料NYF通过吸收可见光将其转换为UVC波段的紫外光，利用紫外光对大肠杆菌的DNA或RNA的破坏作用达到杀菌的效果。同时，作为壳结构的TiO_2材料吸收NYF发出的紫外光后，其价带上的电子跃迁至导带，分别在导带和价带上留下电子（e^-）和具有强氧化性的空穴（h^+），形成电子-空穴对的分离。其中e^-与O_2反应，产生·O_2^-，·O_2^-继续与水中的H^+反应，进一步生成H_2O_2和·OH。同时，h^+与H_2O也产生·OH。其中NYF-Ti产生活性物种的具体反应过程可用以下方程表示：

$$\beta-NaYF_4:Pr^{3+},Li^+ + \text{Vis light} \rightarrow \beta-NaYF_4:Pr^{3+},Li^+ + \text{UVC light} \tag{4.2}$$

$$TiO_2 + \text{UVC light} \rightarrow TiO_2(e^- + h^+) \tag{4.3}$$

$$TiO_2(e^-) + O_2 \rightarrow TiO_2 + O_2^- \tag{4.4}$$

$$H_2O \rightarrow H^+ + OH^- \tag{4.5}$$

$$O_2^- + H^+ \rightarrow OOH \rightarrow H_2O_2 + O_2 \tag{4.6}$$

$$O_2^- + H_2O_2 \rightarrow OH + OH^- + O_2 \tag{4.7}$$

$$h^+ + OH^- \rightarrow OH \tag{4.8}$$

如前所述，光催化杀菌材料主要是利用半导体在光照时产生的具有强氧化还原性的活性物种与细菌细胞内的有机物质发生氧化还原反应，达到杀菌的作用。对比前文的自由基捕获结果可知，NYF-Ti在光照条件下产生的·O_2^-、·OH及空穴为杀菌过程中主要的活性物种。结合文献的报道[35-39]，我们推测本文所制备的NYF-Ti主要从以下三个方面来达到灭活大肠杆菌的作用：①利用h^+的强氧化性破坏大肠杆菌的细胞壁和细胞膜，引起细胞内的K^+等大分子流失，使得细菌失活。②利用光生空穴h^+参与细胞内辅酶A（CoA）的氧化反应，使得辅酶A两两结合生成聚体辅酶A，则细胞内辅酶A参与的乙酰化反应无法正常进行。继而破坏细胞内糖、脂肪及蛋白质的代谢作用，使得细菌失活。③利用具有强氧化性的·O_2^-和·OH对细胞内的蛋白质和遗传物质进行破坏，改变蛋白质结构，使DNA解螺旋，导致细胞的失活。NYF-Ti对大肠杆菌的杀菌机理如图4.31所示。

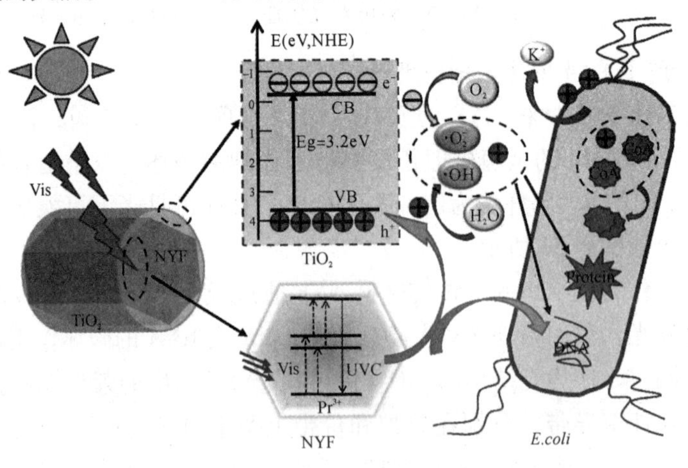

图4.31 NYF-Ti的杀菌机理

4.4 小结

本节主要阐述为实现在可见光下的杀菌作用，本研究采用水热法和溶胶凝胶法制备了双掺上转换材料 β-$NaYF_4$：Pr^{3+}. Li^+及双掺二元上转换复合材料 β-$NaYF_4$：Pr^{3+}. Li^+@ TiO_2和 β-$NaYF_4$：Pr^{3+}. Li^+@ BiOCl；表征了三种材料的结构及理化性质；通过单因素实验探究了杀菌实验的最佳实验参数，阐释了发光机理、杀菌机理、杀菌过程等。得到的主要结论如下：

① β-$NaYF_4$：Pr^{3+}. Li^+呈六棱柱状，高约 3～5μm，直径约 2～3μm，TiO_2呈锐钛矿絮状，BiOCl 呈四方晶型片状。TiO_2及 BiOCl 的复合没有改变 β-$NaYF_4$：Pr^{3+}. Li^+的结构与形态。XPS 及 SEM-EDS 结果表明发光中心 Pr^{3+}及敏化剂 Li^+成功掺杂于基质材料 β-$NaYF_4$中，并以同样的形式存在于复合杀菌材料 β-$NaYF_4$：Pr^{3+}. Li^+@ TiO_2和 β-$NaYF_4$：Pr^{3+}. Li^+@ BiOCl。

② β-$NaYF_4$：Pr^{3+}. Li^+@ TiO_2和 β-$NaYF_4$：Pr^{3+}. Li^+@ BiOCl 在可见光区的吸光强度和吸收带边明显强于 β-$NaYF_4$：Pr^{3+}. Li^+，说明 TiO_2和 BiOCl 的复合能够提高材料的吸光性能。且 NYF-Ti 的吸光性能最好，禁带宽度最窄，初步证明 β-$NaYF_4$：Pr^{3+}. Li^+@ TiO_2拥有更加良好的光催化性能。

③ 单因素杀菌实验说明杀菌过程中 β-$NaYF_4$：Pr^{3+}. Li^+@ TiO_2的杀菌效率最高，且各材料的最佳投加量为 0.15g/L，最佳光照强度为 1 000W。在最佳实验条件下，β-$NaYF_4$：Pr^{3+}. Li^+@ TiO_2的三小时杀菌效率可达 99.999 9%。同时，三种材料在不同共存离子和不同细菌种类下都具有良好的杀菌效率，说明三种材料的杀菌性能具有良好的广泛适用性。此外，β-$NaYF_4$：Pr^{3+}. Li^+@ TiO_2的四次循环杀菌实验结果及循环后的 XRD 和 SEM 图表明，β-$NaYF_4$：Pr^{3+}. Li^+@ TiO_2具有良好的稳定性和可回收性。

④ β-$NaYF_4$：Pr^{3+}. Li^+中掺杂离子浓度的单因素实验表明 β-$NaYF_4$：1.5%Pr^{3+}，0.9%Li^+具有最高的 UVC 发光强度及大肠杆菌杀菌效率，说明上转换杀菌材料 β-$NaYF_4$：Pr^{3+}. Li^+的杀菌效率与其发光强度十分相关。同时，三种材料的 EPR、TPD、EIS 及 PL 结果说明 β-$NaYF_4$：Pr^{3+}. Li^+@ TiO_2具有最多的活性自由基、最强的瞬态光电流及最高的载流子迁移率，能够有效抑制光生电子空穴对的复合，故其光电性能最好。

⑤ 上转换杀菌材料 β-$NaYF_4$：Pr^{3+}. Li^+主要通过掺杂的发光中心 Pr^{3+}吸收可见光，通过 GSA、ESA 和 ETU 过程发生$^3H_4$ $^3P_0$/$^1D_2$ 4f5d 的能级跃迁，

再从 4f5d 回迁至基态产生 UVC 波段紫外光，利用紫外光破坏大肠杆菌的 DNA 达到灭菌的效果。而复合光催化杀菌材料则通过利用上转换材料发出的紫外光产生内部电子从导带到价带的跃迁生成活性物种 h^+、$\cdot O_2^-$ 和 $\cdot OH$，利用活性物种与细胞中有机物的氧化还原反应破坏细胞的结构达到杀菌的作用。

参考文献

[1] QIN W, ZHANG D, ZHAO D, et al. Near-infrared photocatalysis based on YF_3: Yb^{3+}, Tm^{3+}/TiO_2 core/shell nanoparticles [J]. Chemical Communications, 2010, 46 (13): 2304-2306.

[2] LIN X, HOU J, JIANG S, et al. A Z-scheme visible-light-driven Ag/Ag_3PO_4/Bi_2MoO_6 photocatalyst: synthesis and enhanced photocatalytic activity [J]. RSC Advances, 2015, 5 (127): 104815-104821.

[3] ZHANG J, JIEXIANG X, YIN S, et al. Improvement of visible light photocatalytic activity over flower-like BiOCl/BiOBr microspheres synthesized by reactable ionic liquids [J]. Colloids and Surfaces A: Physicochemical and Engineering Aspects, 2013, 420: 89-95.

[4] ARMELAO L, BOTTARO G, MACCATO C, et al. Bismuth oxychloride nanoflakes: interplay between composition-structure and optical properties [J]. Dalton Transactions (Cambridge, England : 2003), 2012, 41: 5480-5485.

[5] FAN Z, WU T, XU X. Synthesis of reduced grapheme oxide as a platform for loading β-$NaYF_4$: Ho^{3+}@TiO_2 based on an advanced visible light-driven photocatalyst [J]. Scientific Reports, 2017, 7 (1).

[6] XIONG J, CHENG G, LI G, et al. Well-crystallized square-like 2D BiOCl nanoplates: mannitol-assisted hydrothermal synthesis and improved visible-light-driven photocatalytic performance [J]. RSC Advances, 2011, 1: 1542-1553.

[7] DONG S, CUI Y, WANG Y, et al. Designing three-dimensional acicular sheaf shaped $BiVO_4$/reduced graphene oxide composites for efficient sunlight-driven photocatalytic degradation of dye wastewater [J]. Chemical Engineering Journal, 2014, 249: 102-110.

[8] LIANG J, DENG J, LI M, et al. Bactericidal activity and mechanism of AgI/AgBr/$BiOBr_{0.75}I_{0.25}$ under visible light irradiation [J]. Colloids and Surfaces B: Biointerfaces, 2016, 138: 102-109.

[9] LIANG J, LIU F, DENG J, et al. Efficient bacterial inactivation with Z-scheme AgI/Bi2MoO6 under visible light irradiation [J]. Water Research, 2017, 123: 632-641.

[10] JIN Y, DENG J, LIANG J, et al. Efficient bacteria capture and inactivation by cetyltrimethylammonium bromide modified magnetic nanoparticles [J]. Colloids and Surfaces B: Biointerfaces, 2015, 136: 659-665.

[11] RINCON A, PULGARIN C. Effect of pH, inorganic ions, organic matter and H_2O_2 on E. coli K12 photocatalytic inactivation by TiO_2 Implications in solar water disinfection [J]. Applied Catalysis B Environmental, 2004, 51 (4): 283-302.

[12] 吴建红. 低激发密度激发 UVC 紫外上转换发光材料的制备及应用 [D]. 石家庄: 河北大学, 2016.

[13] 陈璐. 太阳光激发下的高效 UVC 上转换材料的研究 [D]. 石家庄: 河北大学, 2018.

[14] ZHMURIN P N, ZNAMENSKII N V, YUKINA T G, et al. Strong quenching of Y_2SiO_5: Pr^{3+} nanocrystal luminescence by praseodymium nonuniform distribution [J]. Physica Status Solidi (b), 2007, 244 (9): 3325-3332.

[15] CATES E L, CHO M, KIM J. Converting visible light into UVC: microbial inactivation by Pr^{3+}-activated upconversion materials [J]. Environmental Science & Technology, 2011, 45 (8): 3680-3686.

[16] MORGAN G P, HUBER D L, YEN W M. Quenching of fluorescence by cross relaxation INLaF_3: Pr^{3+} [J]. Journal De Physique, 1985, 46 (10): C7-C25.

[17] HEGARTY J, HUBER D L, YEN W M. Fluorescence quenching by cross relaxation in LaF_3: Pr^{3+} [J]. Physical Review B, 1982, 25 (9): 5638-5645.

[18] ZHANG J, SHEN H, GUO W, et al. An upconversion $NaYF_4$: Yb^{3+}, Er^{3+}/TiO_2 core-shell nanoparticle photoelectrode for improved efficiencies of dye-sensitized solar cells [J]. Journal of Power Sources, 2013, 226: 47-53.

[19] LAMBERT T, CHAVEZ C, HERNANDEZ-SANCHEZ B, et al. Synthesis and characterization of titania-graphene nanocomposites [J]. Journal of Physical Chemistry C, 2009, 113 (46): 19812-19823.

[20] GANGULY P, BYRNE C, BREEN A, et al. Antimicrobial activity of photocatalysts: fundamentals, mechanisms, kinetics and recent advances [J]. Applied Catalysis B: Environmental, 2018, 225: 51-75.

[21] XIA D, LIU H, JIANG Z, et al. Visible-light-driven photocatalytic inactivation of Escherichia coli K-12 over thermal treated natural magnetic sphalerite: band structure analysis and toxicity evaluation [J]. Applied Catalysis B: Environmental, 2018, 224: 541-552.

[22] 李定坚. 纳米TiO_2光催化杀菌技术在水体中的应用及其杀菌机理探讨 [D]. 广州: 暨南大学, 2004.

[23] AGUILERA-VENEGAS B, OLEA-AZAR C, ARÁN V, et al. Electrochemical, ESR and theoretical insights into the free radical generation by 1, 1′-hydrocarbylenebisindazoles and its evaluation as potential Bio - active compounds [J]. International Journal of Electrochemical Science, 2013, 7 (7): 189-203.

[24] DUO F, WANG Y, MAO X, et al. A $BiPO_4$/BiOCl heterojunction photocatalyst with enhanced electron-hole separation and excellent photocatalytic performance [J]. Applied Surface Science, 2015, 340: 35-42.

[25] CHEREVAN A, EDER D. Dual excitation transient photocurrent measurement for charge transfer studies in nanocarbon hybrids and composites [J]. Advanced Materials Interfaces, 2016, 3: 244.

[26] LUO Y, SUN Y, GU X, et al. Basic properties and photo-generated carrier dynamics of bismuth vanadate composites modified with CQDs, MWCNTs and rGO [J]. Colloids and Surfaces A: Physicochemical and Engineering Aspects, 2019, 580: 123678.

[27] 刘鸿, 吴鸣, 吴合进, 等. 氢处理二氧化钛的光催化性能及电化学阻抗谱 [J]. 物理化学学报, 2001 (3): 286-288.

[28] 庹娟, 王林香, 叶颖, 等. 金属离子 Li^+, Na^+, K^+, Ca^{2+}, Ba^{2+}掺杂Lu_2O_3: Pr^{3+}荧光粉的制备及发光特性研究 [J]. 发光学报, 2018, 39 (3): 307-314.

[29] CATES E L, WILKINSON A P, KIM J. Delineating mechanisms of upconversion enhancement by Li^+ codoping in Y_2SiO_5: Pr^{3+} [J]. The Journal of Physical Chemistry C, 2012, 116 (23): 12772-12778.

[30] SUN C L, LI J F, HU C H, et al. Ultraviolet upconversion in Pr^{3+}: Y_2SiO_5 crystal by Ar^+ laser (488 nm) excitation [J]. The European Physical Journal D, 2006, 39 (2): 303-306.

[31] HU C, SUN C, LI J, et al. Visible-to-ultraviolet upconversion in Pr^{3+}: Y_2SiO_5 crystals [J]. Chemical Physics, 2006, 325 (2-3): 563-566.

[32] CATES E L, KIM J. Upconversion under polychromatic excitation: Y_2SiO_5: Pr^{3+}, Li^+ converts violet, cyan, green, and yellow light into UVC [J]. Optical Materials, 2013, 35 (12): 2347-2351.

[33] MALYUKIN Y V, MASALOV A A, Zhmurin P N, et al. Two mechanisms of $^1D^2$ fluorescence quenching of Pr^{3+}-doped Y_2SiO_5 crystal [J]. Physica Status Solidi (b), 2003, 240 (3): 655-662.

[34] MATHIEU LAROCHE A B S G, DOUALAN J L, MONCORGE R, et al. Spectroscopic investigations of the 4f5d energy levels of Pr^{3+} in fluoride crystals by excited-state absorption and two-step excitation measurements [J]. Optical Society of America, 1999, 12 (16): 2269-2277.

[35] LIANG J, DENG J, LI M, et al. Bactericidal activity and mechanism of Ti-doped BiOI microspheres under visible light irradiation [J]. Colloids and Surfaces B: Biointerfaces, 2016, 147: 307-314.

[36] DUNFORD R, SALINARO A, CAI L, et al. Chemical oxidation and DNA damage catalysed by inorganic sunscreen ingredients [J]. FEBS Letters, 1997, 418 (1): 87-90.

[37] LEE S, NISHIDA K, OTAKI M, et al. Photocatalytic inactivation of phage Qβ by immobilized titanium dioxide mediated photocatalyst [J]. Water Science and Technology, 1997, 35 (11): 101-106.

[38] MATSUNAGA T, NAMBA Y. Detection of microbial cells by cyclic voltammetry [J]. Analytical Chemistry, 1984, 56: 798-801.

[39] WEI C, LIN W, ZAINAL Z, et al. Bactericidal activity of TiO_2 photocatalyst in aqueous media: toward a solar-assisted water disinfection system [J]. Environmental Science & Technology, 1994, 28: 934-938.